# Lecture Notes in Mathematics

A collection of informal reports and seminars
Edited by A. Dold, Heidelberg and B. Eckmann, Zürich

Series: Mathematatisches Institut der Universität Bonn · Adviser: F. Hirzebruch

57


F. Hirzebruch
K. H. Mayer

Mathematisches Institut der Universität Bonn


# O(n)-Mannigfaltigkeiten, exotische Sphären und Singularitäten

1968


Springer-Verlag Berlin · Heidelberg · New York

All rights reserved. No part of this book may be translated or reproduced in any form without written permission from Springer Verlag. © by Springer-Verlag Berlin · Heidelberg 1968
Library of Congress Catalog Card Number 68-26462 Printed in Germany. Title No. 3663

# V o r w o r t

Dieses Heft entstand im Anschluss an eine Vorlesung, die ich im Wintersemester 1966/67 an der Universität Bonn gehalten habe.

Die von Brieskorn untersuchten isolierten Singularitäten algebraischer Varietäten lassen Gruppenoperationen zu, wodurch sich Zusammenhänge mit der Theorie der Transformationsgruppen ergeben: Die differenzierbaren Mannigfaltigkeiten (Umgebungsränder), die durch gewisse isolierte Singularitäten definiert werden, lassen sich mit Hilfe von Klassifikationssätzen über G-Mannigfaltigkeiten, die von Bredon, W.C. Hsiang-W.Y. Hsiang und Jänich stammen, bestimmen. Auf diese Beziehung zwischen den Arbeiten von Brieskorn und Jänich hatte ich in Briefen hingewiesen (Frühjahr 1966), als diese beiden Bonner Mathematiker in den USA waren. Einen zusammenfassenden Bericht habe ich im Seminar Bourbaki im November 1966 gegeben. Ich wollte auch einige Resultate veröffentlichen, dazu ist es nicht gekommen. Statt dessen kommt nun die vorliegende Ausarbeitung heraus, die auch ziemlich ausführliche Berichte über die Resultate von Brieskorn und Jänich enthält.

Diese "Lecture Notes" sind eine gemeinsame Arbeit mit K.H. Mayer, dem besonderer Dank gebührt, da er viele Teile unabhängig weiterentwickelt (insbesondere § 15) und für die gesamte Ausarbeitung die umfangreiche und mühevolle Arbeit des Vervollständigens von Beweisen, der schriftlichen Fixierung und Präzisierung ganz auf sich genommen hat. Der § 13 über ganzzahlige quadratische Formen stammt von W. Scharlau, auch ihm möchte ich für sein Interesse und seine Hilfe herzlich danken.

Frau Höfner und Frau Scharlau haben die Schreibmaschinenarbeiten ausgeführt. Ich danke ihnen für ihre Sorgfalt und Geduld.

Bonn, 4. Februar 1968 F. Hirzebruch

## Inhaltsverzeichnis

## § 1 G - Mannigfaltigkeiten

§ 1 enthält grundlegende Definitionen und Sätze über differenzierbare Mannigfaltigkeiten, auf denen eine kompakte Liesche Gruppe differenzierbar operiert. Diese Einführung stützt sich im wesentlichen auf den Artikel von R.S. PALAIS : Slices and equivariant imbeddings, Chapter VIII in [11], beschränkt sich jedoch auf den Fall von differenzierbaren Mannigfaltigkeiten.

1.1. Differenzierbar heisst immer differenzierbar von der Klasse $C^{\infty}$. Eine n-dimensionale differenzierbare Mannigfaltigkeit ist ein Hausdorffraum mit abzählbarer Basis, der lokal homöomorph ist zu $\mathbb{R}^n$, zusammen mit einem maximalen differenzierbaren Atlas. Entsprechend werden Mannigfaltigkeiten mit Rand als hausdorffsch und mit abzählbarer Basis vorausgesetzt. Eine differenzierbare Untermannigfaltigkeit der differenzierbaren Mannigfaltigkeit X trägt immer die Teilraumtopologie von X, wie in der Differentialtopologie üblich (vgl. [46] 1.3 und [35] § 2). Unter den angegebenen Voraussetzungen sind alle differenzierbaren Mannigfaltigkeiten und differenzierbaren Mannigfaltigkeiten mit Rand parakompakt und lassen eine Riemannsche Metrik zu (s.z.B. [46]1.23).

1.2. Mit G wird im folgenden immer eine kompakte Liesche Gruppe bezeichnet.

DEFINITION. Es sei X eine differenzierbare Mannigfaltigkeit (differenzierbare Mannigfaltigkeit mit Rand). G <u>operiert</u> differenzierbar auf X, wenn es eine differenzierbare Abbildung

$$\begin{aligned} G \times X &\to X \\ (g,x) &\mapsto gx \end{aligned}$$

gibt, so dass gilt:

$$(1)\quad \begin{cases} ex = x & \text{für alle } x \in X \text{ , wo e das Einselement in G bezeichnet, und} \\ g_1(g_2x) = (g_1g_2)x \text{ ,} & \text{für alle } x \in X \text{ und alle } g_1, g_2 \in G \text{ .} \end{cases}$$

X zusammen mit dem differenzierbaren Operieren von G auf X heisst G - <u>Mannigfaltigkeit</u> (G - Mannigfaltigkeit mit Rand).

Bemerkung 1. Nach S. BOCHNER und D. MONTGOMERY (Groups of differentiable and real or complex analytic transformations, Ann. of Math. 46 (1945) 685-694) folgt für eine differenzierbare Mannigfaltigkeit X die Differenzierbarkeit einer Abbildung $G \times X \to X$ , die (1) erfüllt, aus der schwächeren Forderung:

$G \times X \to X$ ist stetig, und für jedes $g \in G$ ist die durch die Zuordnung $x \to gx$ definierte Abbildung $X \to X$ differenzierbar.

Bemerkung 2. Da eine G - Mannigfaltigkeit X metrisierbar ist, ist X insbesondere ein G-Raum im Sinne von [11] Chap. VIII.

DEFINITION. X und Y seien G - Mannigfaltigkeiten oder G - Mannigfaltigkeiten mit Rand. Eine Teilmenge A von X heisst G-<u>invariant</u>, wenn für alle $a \in A$ und alle $g \in G$ gilt $ga \in A$ . Eine differenzierbare Abbildung $f : X \to Y$ heisst <u>äquivariant</u>, wenn für alle $x \in X$ und alle $g \in G$ gilt, dass $f(gx) = gf(x)$.

DEFINITION. Es sei X eine G - Mannigfaltigkeit oder eine G - Mannigfaltigkeit mit Rand und $x \in X$ . Die Untergruppe $G_x = \{g \mid g \in G, gx = x\}$ von G heisst <u>Isotropiegruppe</u> von x.
Der Teilraum $Gx = \{gx \mid g \in G\}$ von X wird als <u>Orbit</u> von x bezeichnet.

X ist disjunkte Vereinigung von Orbits. Zwei Punkte aus X sollen äquivalent heissen, wenn ihre Orbits gleich sind. X/G sei der Quotientenraum von X nach dieser Relation. $X/G$ heisst <u>Orbitraum</u>. Die Struktur des Orbitraumes ist z.B. in [11] Chap. VIII untersucht.

SATZ. <u>Die natürliche Projektion</u> $\pi : X \to X/G$ <u>ist eine offene Abbildung</u>.

Beweis. Wir erinnern daran, dass eine Teilmenge U von $X/G$ genau dann offen ist, wenn $\pi^{-1}(U)$ offen ist in X. Ist V eine offene Teilmenge von X, dann ist $\pi^{-1}(\pi(V)) = \cup_{g\in G} g\,V$ und daher offen.

1.3. Ohne Verwechslungen befürchten zu müssen, wird im folgenden meistens das gleiche Symbol für ein Faserbündel und seinen Totalraum benutzt.

Für den Rest von § 1 sei X eine G - Mannigfaltigkeit. Das Operieren von G auf X macht auf natürliche Weise den Totalraum TX des Tangentialbündels von X zu einer G - Mannigfaltigkeit. Die Bündelprojektion $\tau : TX \to X$ ist eine äquivariante Abbildung, und TX ist ein G-Vektorraumbündel (s.[ 9 ]).

Mit Hilfe des invarianten Haarschen Integrals auf G lässt sich zu jeder Riemannschen Metrik auf X eine G-invariante Riemannsche Metrik auf X konstruieren, das ist eine Riemannsche Metrik $\langle\ ,\ \rangle$ in TX derart, dass für alle $v,w \in TX$ mit $\tau(v)=\tau(w) = x$ und alle $g \in G$ gilt

$$\langle gv,gw\rangle_{gx} = \langle v,w\rangle_x$$

Ist auf X eine G-invariante Riemannsche Metrik gewählt, dann ist für jedes $x \in X$ der Tangentialraum $(TX)_x$ an X in x mit der induzierten Metrik ein euklidischer Vektorraum. Das durch das Operieren von G auf X definierte Operieren von $G_x$ auf $(TX)_x$ definiert eine orthogonale Darstellung $G_x \to \mathrm{Aut}((TX)_x)$.

1.4. Es sei $A$ eine $G$-invariante differenzierbare Untermannigfaltigkeit von $X$. Dann ist $A$ eine $G$ - Mannigfaltigkeit und die Einbettung $A \subset X$ ist eine äquivariante Abbildung. Da $G$ das Tangentialbündel $TA$ in sich überführt, ist auch der Totalraum $N$ des Normalenbündels von $A$ eine $G$ - Mannigfaltigkeit. Ist auf $X$ eine $G$-invariante Riemannsche Metrik gegeben, so ist $N$ äquivariant isomorph zum orthogonalen Komplement von $TA$ in $i^*TX$, wo $i^*TX$ die Einschränkung von $TX$ auf $A$ bezeichnet. $i^*TX$ ist äquivariant isomorph zu $TA \oplus N$.

SATZ. *Es sei* $A$ *eine* $G$-*invariante kompakte differenzierbare Untermannigfaltigkeit von* $X$. *Dann gibt es eine* $G$-*invariante Umgebung* $E$ *des Nullschnittes im Normalenbündel* $N$ *von* $A$ *und einen äquivarianten Diffeomorphismus* $f$ *von* $E$ *auf eine Umgebung* $U$ *von* $A$ *in* $X$, *so dass das Diagramm*

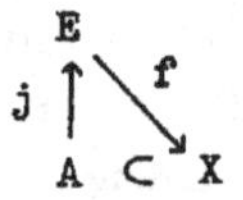


*kommutativ ist, wo* $j$ *den Nullschnitt in* $N$ *bezeichnet*. Die Umgebung $U$ von $A$ heisst *äquivariante Tubenumgebung* und $f$ heisst *Tubenabbildung*.

Beweis. Auf $X$ wird eine $G$-invariante Riemannsche Metrik ausgezeichnet. Ein $\varepsilon > 0$ wird so gewählt, dass die Exponentialabbildung beschränkt auf $E = \{ v \mid v \in N, \| v \| < \varepsilon \}$ ein Diffeomorphismus auf eine offene Menge in $X$ ist. Wenn $x \in E$, ist auch $gx \in E$ für alle $g \in G$ und es ist $\exp gx = g\exp x$.

1.5. Ist $H$ eine abgeschlossene Untergruppe von $G$, dann ist $H$ Liesche Untergruppe von $G$ (vgl. [22] Ch. II Theorem 2.3). Es sei $G/H$ der Raum der Linksnebenklassen von $H$, versehen mit der Quotiententopologie, und $\pi : G \to G/H$ sei die natürliche Projektion. Dann lässt sich $G/H$ auf genau eine Weise mit der Struktur einer analytischen Mannigfaltigkeit ausstatten, so dass $G/H$ mit dem natürlichen Operieren von $G$ eine $G$-Mannigfaltigkeit ist ([22] Ch. II Theorem 4.2). Im folgenden soll $G/H$ diese analytische Struktur tragen.

DEFINITION. Ein lokaler Schnitt in $G/H$ ist eine differenzierbare Abbildung $s : U \to G$ von einer offenen Umgebung $U$ von $\pi(H)$ in $G$, so dass $\pi \circ s = Id_U$.

Nach Definition der differenzierbaren Struktur von $G/H$ gibt es immer einen lokalen Schnitt in $G/H$ (s. [22] Ch. II Theorem 4.2).

SATZ. Für jeden Punkt $x \in X$ ist der Orbit $Gx$ eine differenzierbare Untermannigfaltigkeit von $X$. Die Abbildung $\alpha: G/G_x \to X$, die definiert ist durch $gG_x \to gx$ ist eine äquivariante differenzierbare Einbettung.

Beweis. Die Abbildung $\mu : G \to X$, die definiert ist durch $\mu(g) = gx$ induziert die Abbildung $\alpha$, so dass das Diagramm

$$\begin{array}{ccc} G & \xrightarrow{\mu} & X \\ {\scriptstyle\pi}\downarrow & \nearrow_{\alpha} & \\ G/G_x & & \end{array}$$

kommutativ ist. Mit $\mu$ ist auch $\alpha$ stetig und $\alpha$ ist eine bijektive Abbildung von $G/G_x$ auf den kompakten Raum $Gx$ und daher ein Homöomorphismus von $G/G_x$ auf $Gx$. Mit Hilfe eines lokalen Schnittes zeigt man, dass $\alpha$ differenzierbar ist. Es bleibt zu zeigen, dass $\alpha$ in dem Punkt $\pi(G_x)$ Höchstrang hat. Dazu wird gezeigt, dass Kern $(d\mu)_e = (TG_x)_e$. Jedem Element $V \in (TG)_e = \mathfrak{g}$ entspricht ein Vektorfeld $V^+$ auf $X$ durch die Formel

$$(V^+f)\ (p) = \lim_{t \to 0} \frac{1}{t}\,[f(\exp(tV)\ p) - f(p)]\ ,$$

$p \in X$ und $f$ eine $C^\infty$-Funktion auf $X$. Das Vektorfeld $V^+$ heisst von der Einparameter-Untergruppe $\{\exp tV \mid t \in \mathbb{R}\}$ erzeugt. Die Abbildung

$t \mapsto (\exp tV)x$ ist eine Integralkurve von $V^+$ durch x. Wenn $(d\mu)_e(V) = V_e^+ = 0$, dann ist wegen des Eindeutigkeitssatzes für gewöhnliche Differentialgleichungen die Integralkurve gerade die konstante Abbildung, d.h. $\exp(tV) \in G_x$ für alle $t \in \mathbb{R}$ und $V \in (TG_x)_e$.

1.6. DEFINITION. Es sei H eine abgeschlossene Untergruppe von G. Die Menge der zu H konjugierten Untergruppen von G wird mit (H) bezeichnet und heisst Orbittyp von H.

Sind $x \in X$ und $g \in G$, so gilt $G_{gx} = gG_xg^{-1}$, d.h. die Isotropiegruppen von Punkten des gleichen Orbits gehören alle zum gleichen Orbittyp. Damit ist jedem Orbit ein Orbittyp zugeordnet. Je zwei Orbits mit dem gleichen Orbittyp sind nach dem vorhergehenden Satz diffeomorph.

DEFINITION. Die Orbitstruktur von X ist die Funktion, die jedem Element aus dem Orbitraum X/G seinen Orbittyp zuordnet. Die Orbitstruktur heisst endlich, wenn nur endlich viele Orbittypen auftreten. Die Orbitstruktur heisst lokal endlich, wenn es zu jedem Punkt von X eine Umgebung U gibt, so dass die Orbitstruktur beschränkt auf das Bild von U unter der natürlichen Projektion $X \to X/G$ endlich ist.

Zur Untersuchung der Orbitstruktur von X dient die folgende

DEFINITION. Eine Teilmenge S der G-Mannigfaltigkeit X heisst Scheibe von X in $a \in X$, wenn folgende Bedingungen erfüllt sind:

(0) $a \in S$
(1) S ist invariant unter $G_a$.
(2) Wenn für ein $g \in G$ gilt $gS \cap S \neq \emptyset$, so ist $g \in G_a$.
(3) Für jeden lokalen Schnitt $f : U \to G$ von $G/G_a$ ist die Abbildung $F : U \times S \to X$ mit $F(u,s) = f(u)s$ ein Diffeomorphismus von $U \times S$ auf eine offene Teilmenge von X.

Bemerkung. Eine Scheibe von X in a ist eine $G_a$-Mannigfaltigkeit.

Für jedes $y \in S$ ist $G_y \subset G_a$ .

SATZ. Es sei $a \in X$ . Dann gibt es eine Umgebung $V$ von $a$ und ein Koordinatensystem $x = (x_1,\dots x_n) : V \to \mathbb{R}^n$ mit $x(a) = 0$ und $x(V) = \{ y \in \mathbb{R}^n \mid y_1^2 + .. + y_n^2 < \varepsilon\}$, so dass $G_a$ bezüglich dieses Koordinatensystems orthogonal auf $V$ operiert. Eine Scheibe $S$ in $a$ kann man erhalten als Bild unter $x^{-1}$ von dem Durchschnitt von $x(V)$ mit einem invarianten linearen Teilraum des $\mathbb{R}^n$ .

Beweis. Auf $X$ wird eine G-invariante Riemannsche Metrik gewählt. Es seien $N$ das Normalenbündel von $Ga$ , aufgefasst als orthogonales Komplement von $TGa$ in $i^*TX$ , wo $i^*TX$ die Beschränkung von $TX$ auf $Ga$ bezeichnet, $E(\varepsilon) = \{ v \mid v \in N , \mid v \mid < \varepsilon \}$ und $B(\varepsilon) = \{ v \mid v \in (TX)_a, \mid v \mid < \varepsilon \}$ . Dabei soll $\varepsilon$ so klein gewählt sein, dass die Exponentialabbildung beschränkt auf $E(\varepsilon)$ ein Diffeomorphismus auf eine Umgebung von $Ga$ und beschränkt auf $B(\varepsilon)$ ein Diffeomorphismus auf eine Umgebung von $a$ ist. Nach Wahl einer orthonormierten Basis $e_1,\dots,e_n$ in $(TX)_a$ und der dualen Basis $\omega_1,..,\omega_n$ wird $x_i$ definiert durch $x_i = \omega_i \circ (\exp|B(\varepsilon))^{-1}$ , $i=1,..,n$ . Da das Operieren von $G_a$ mit exp verträglich ist, ist damit auch ein orthogonales Operieren von $G_a$ auf $\mathbb{R}^n$ definiert. Es sei $K = N_a \cap B(\varepsilon)$ , wo $N_a$ die Faser von $N$ über $a$ bezeichnet. $N_a$ ist orthogonal zu $(TGa)_a$ in $(TX)_a$ und unter $G_a$ invariant. $S$ wird definiert als $S = \exp(K)$ . Es wird gezeigt, dass $S$ die Bedingungen (1) - (3) erfüllt:

(1) ist nach Wahl von $S$ klar.

(2) Es sei $w \in S \cap gS$ , d.h. $w = gy$ mit $y \in S$ . Dann gibt es ein $v \in K$ , so dass $\exp v = y$ . Wegen $\exp gv = gy$ und $gv \in N_{ga}$ gilt $ga = a$ und $g \in G_a$ .

(3) Es sei $f : U \to G$ ein lokaler Schnitt in $G/G_a$ . Die Abbildung $r : U \times K \to E(\varepsilon)$ , definiert durch $r(u,k) = f(u)k$ ist ein Diffeomorphismus auf eine offene Teilmenge von $E(\varepsilon)$ . Die Exponentialabbildung bildet diese Menge diffeomorph auf eine offene Umgebung von $a$ ab. Da $(\exp \circ r)(u,k) = f(u) \exp k = F(u, \exp k)$ , ist $F$ ein Diffeomorphismus.

FOLGERUNG: Es sei $\pi : X \to X/G$ die Projektion von $X$ auf den Orbitraum. Die in natürlicher Weise definierte Abbildung $S/G_a \to X/G$ bildet $S/G_a$ homöomorph auf $\pi(S)$ ab, und $\pi(S)$ ist eine Umgebung von $\pi(a)$ .

Beweis. Für jede offene Teilmenge $T$ von $S$ gilt $\pi(T) = \pi(F(U \times T))$ . Die Projektion $S \to S/G_a$ ist stetig und offen. Wegen der Kommutativität des Diagramms

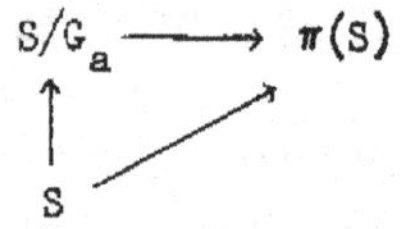

ist auch $S/G_a \to \pi(S)$ stetig und offen. Aus den Scheibeneigenschaften folgt die Injektivität.

1.7. Der folgende Satz über die sogenannte Liegruppen-Induktion wird zum Beweis des Satzes in 1.8. benutzt.

SATZ. Vor.: Es sei $\mathfrak{A}$ eine Aussage, die für alle kompakten Lieschen Gruppen formuliert ist mit der Eigenschaft: Wenn $\mathfrak{A}$ für alle echten abgeschlossenen Lieschen Untergruppen einer Lieschen Gruppe $G$ gilt, dann gilt $\mathfrak{A}(G)$ .

Beh.: $\mathfrak{A}$ gilt für alle kompakten Lieschen Gruppen.

Beweis. Wenn $\mathfrak{A}$ nicht für alle kompakten Lieschen Gruppen gilt, dann gibt es eine kleinste Zahl $n$ derart, dass $\mathfrak{A}$ für wenigstens eine kompakte Liesche Gruppe der Dimension $n$ nicht gilt, aber für alle niedrigerer Dimension gilt. Unter den Gruppen der Dimension $n$ , für die $\mathfrak{A}$ nicht gilt, gibt es wenigstens eine mit einer minimalen Anzahl von Zusammenhangskomponenten. Nun ist für jede abgeschlossene Liesche Untergruppe $H$ einer kompakten Lieschen Gruppe $G$ entweder die Dimension von $H$ kleiner als die von $G$ , oder die Anzahl der Zusammenhangskomponenten von $H$ ist kleiner als die von $G$ . Das liefert einen Widerspruch.

1.8. SATZ. <u>Jede G-Mannigfaltigkeit</u> X <u>hat lokal endliche Orbitstruktur.</u>
<u>Ist</u> X <u>kompakt, so ist die Orbitstruktur endlich.</u>

Beweis. Es wird angenommen, dass der Satz für alle echten abgeschlossenen Untergruppen von G richtig ist. Der Satz wird dann durch vollständige Induktion über die Dimension von X bewiesen. Für $\dim X = 0$ ist der Satz sicher richtig. Der Satz sei für alle G-Mannigfaltigkeiten, deren Dimension kleiner ist als n schon bewiesen. Er wird für die G-Mannigfaltigkeit X der Dimension n bewiesen: Dazu sei $x \in X$ und U eine Umgebung von x mit Koordinaten $(x_1,\ldots,x_n)$, auf der $G_x$ orthogonal operiert, wie in 1.6. In dieser Umgebung lässt sich eine Scheibe S durch x beschreiben als offene Kugel in einem linearen Unterraum. S enthält eine offene Kugel K, deren abgeschlossene Hülle ganz in S liegt und die selbst eine Scheibe ist. Der Rand von K ist eine in X eingebettete Sphäre $\partial K$. Diese Sphäre ist eine $G_x$-Mannigfaltigkeit, deren Dimension kleiner ist als n, und hat endlich viele Orbittypen. Jeder Punkt y in K liegt auf der Verbindungslinie von x nach einem Punkt z der Randsphäre. Da $G_x$ orthogonal in S operiert, ist $G_y$ gleich $G_z$. Die Scheibe K enthält nur endlich viele Orbittypen. Aus der Definition der Scheibe ist es klar, dass alle Orbittypen, die in einer geeigneten Umgebung von x auftreten, schon in der Scheibe auftreten. Daher gilt die Behauptung auch für X.

## § 2 Spezielle G-Mannigfaltigkeiten

2.1. DEFINITION. Es sei $H$ eine kompakte Liesche Gruppe und $V$ ein endlich dimensionaler euklidischer Vektorraum mit euklidischer Metrik $\langle\ ,\ \rangle$. Eine orthogonale Darstellung $\alpha : H \to \mathrm{Aut}(V)$ heisst transitiv, wenn für jedes $v \in V$ der Orbit $\alpha(H)v = \{ x \in V \mid \langle x,x\rangle = \langle v,v\rangle \}$ ist.

Eine beliebige Darstellung von $H$ in einem endlichdimensionalen Vektorraum heisst transitiv, wenn es eine äquivalente transitive orthogonale Darstellung gibt.

Eine invariante euklidische Metrik ist bei einer transitiven Darstellung bis auf einen Faktor eindeutig bestimmt. Daher ist diese Definition unabhängig von der Wahl einer solchen Metrik. Bei einer transitiven Darstellung von $H$ in $V$ ist $V/H = \mathbb{R}^+ = \{ r \in \mathbb{R} \mid r \geq 0 \}$. Für den euklidischen Vektorraum $V$ wird die Orbitabbildung $V \to \mathbb{R}$ durch die Zuordnung $v \to \sqrt{\langle v,v\rangle}$ definiert. Bezüglich der kanonischen differenzierbaren Struktur auf $\mathbb{R}^+$ ist diese Abbildung im Nullpunkt von $V$ nicht differenzierbar.

2.2. Es sei $X$ eine G-Mannigfaltigkeit und $x \in X$. Das Operieren von $G_x$ auf $V_x$, dem Normalraum an $Gx$ in $x$, definiert eine Darstellung $G_x \to \mathrm{Aut}(V_x)$.

DEFINITION. $X$ heisst spezielle G-Mannigfaltigkeit, wenn für jedes $x \in X$ die Darstellung von $G_x$ in $V_x$ in die direkte Summe aus einer trivialen und einer transitiven Darstellung zerfällt. D.h. $V_x$ ist direkte Summe aus $G_x$-invarianten Unterräumen, $V_x = F_x \oplus W_x$, so dass die Darstellung von $G_x$ auf $F_x$ trivial und auf $W_x$ transitiv ist.

Für den Rest von § 2 bezeichnet $X$ eine kompakte spezielle G-Mannigfaltigkeit.

SATZ. Der Orbitraum $X/G = M$ lässt sich auf natürliche Weise mit der Struktur einer differenzierbaren Mannigfaltigkeit mit Rand versehen.

Beweis. Zu jedem $x \in X$ gibt es eine Scheibe $S$ nach dem Satz in 1.6. Aus dem Beweis dieses Satzes folgt, dass man $S$ mit dem Normalraum $V_x$ in $x$ an $Gx$ identifizieren kann. Die Orbitabbildung $\pi : X \to X/G$ bildet $S$ auf eine offene Umgebung von $\pi(x)$ ab, die induzierte Abbildung $S/G_x \to \pi(S)$ ist ein Homöomorphismus nach 1.6. Wenn $\dim W_x = 0$, dann ist $S/G_x = S$ und $\pi/S$ ist eine Karte. $\pi(x)$ ist dann ein innerer Punkt von $M$. Wenn $\dim W_x > 0$, dann ist $S/G_x = F_x \times \mathbb{R}^+$ und $\pi(x)$ ist ein Randpunkt. In $W_x$ wird eine Halbgerade $h$ ausgezeichnet. $H$ bezeichne den von $F_x$ und $h$ aufgespannten "Halbunterraum" von $S = V_x$. Die Beschränkung von $\pi$ auf $H$ ist ein Homöomorphismus von $H$ auf $\pi(S)$ und ist eine Karte für $M$. Mit Hilfe der Scheibeneigenschaften zeigt man, dass die so definierten Karten verträglich sind.

DEFINITION. Das Paar $(X, \pi : X \to M)$ heisst G-Mannigfaltigkeit über $M$.

Bemerkung. Die Orbitabbildung $\pi$ ist in $\pi^{-1}(\partial M)$ nicht differenzierbar. Führt man in $\mathbb{R}^+$ zu jedem $k \in \mathbb{Z}$, $k > 0$, eine differenzierbare Struktur durch die Karte $\alpha_k : \mathbb{R}^+ \to \mathbb{R}$ mit $\alpha_k(x) = x^k$ ein, so erhält man durch die gleiche Konstruktion zu jedem $k$ eine andere differenzierbare Struktur auf $M$, die k-te Struktur. Alle diese differenzierbaren Strukturen sind äquivalent. Wenn $k$ gerade ist, dann ist die Orbitabbildung bezüglich der k-ten Struktur auf $M$ differenzierbar.

2.3. DEFINITION. Es sei $Y$ eine differenzierbare Mannigfaltigkeit oder eine differenzierbare Mannigfaltigkeit mit Rand. $G$ operiert auf $Y$ von rechts, wenn es eine differenzierbare Abbildung $Y \times G \to Y$ $((y,g) \mapsto yg)$ gibt, so dass

$ye = y$ für alle $y \in Y$ und

$(yg_1)g_2 = y(g_1g_2)$ für alle $y \in Y$ und alle $g_1, g_2 \in G$.

Zur Unterscheidung wird manchmal das in § 1 definierte Operieren von $G$ als Operieren von links bezeichnet.

Die im folgenden auftretenden Faserbündel sind differenzierbar. Ein Faserbündel ist immer ein spezielles Faserbündel und nicht eine Äquivalenzklasse von solchen. Es wird zwischen Rechts- und Links-Prinzipalbündeln unterschieden. Dabei heisst ein Prinzipalbündel in der üblichen Definition (vgl. HIRZEBRUCH [24] § 3) ein G-Links-Prinzipalbündel, wenn die Strukturgruppe $G$ von links auf der Faser operiert. Auf dem Totalraum eines Links-Prinzipalbündels operiert die Strukturgruppe von rechts. Bei G-Rechts-Prinzipalbündeln operiert $G$ von rechts auf der Faser und von links auf dem Totalraum.

Es sei $P$ ein G-Links-Prinzipalbündel über der differenzierbaren Mannigfaltigkeit $B$ und $F$ eine (Links-) G-Mannigfaltigkeit. In $P \times F$ wird eine Äquivalenzrelation eingeführt: $(xk, f) \sim (x, kf)$ für alle $(x, f) \in P \times F$ und $k \in G$. Die Äquivalenzklasse von $(x, f)$ wird mit $[x, f]$ bezeichnet. $P \times_G F$ sei der Quotientenraum von $P \times F$ nach dieser Relation. $P \times_G F$ ist auf natürliche Weise ein differenzierbares Faserbündel über $B$ mit Faser $F$ (vgl. KOBAYASHI-NOMIZU: Foundations of differential geometry, S. 54) und heisst das zu $P$ assoziierte Faserbündel mit Faser $F$. Entsprechend werden die assoziierten Faserbündel zu einem Rechts-Prinzipalbündel definiert.

2.4. $H$ sei eine abgeschlossene Untergruppe von $G$. Der homogene Raum der Links-Nebenklassen von $H$ in $G$ wird mit $G/H$ und der homogene Raum der Rechts-Nebenklassen von $H$ in $G$ wird mit $H\backslash G$ bezeichnet. $N(H)$ sei der Normalisator von $H$ in $G$. Dann ist $\Gamma = N(H)/H$ wieder eine kompakte Liesche Gruppe und operiert von rechts auf $G/H$ durch $(gH,\gamma) \to ghH$ für alle $g \in G$ und $\gamma = hH$ mit $h \in N(H)$. Dieses Operieren ist mit dem Operieren von $G$ auf $G/H$ von links verträglich.

SATZ. <u>Es sei</u> $X$ <u>zusammenhängend, und für alle</u> $x \in X$ <u>sei der Normalraum</u> $V_x$ <u>an</u> $Gx$ <u>in</u> $x$ <u>ein trivialer</u> $G_x$<u>-Modul. Dann besitzt</u> $X$ <u>genau einen Orbittyp</u> $(H)$, <u>und es gibt ein differenzierbares</u> $N(H)/H$-<u>Rechts-Prinzipalbündel</u> $P$ <u>über</u> $X/G$ <u>so dass</u> $X$ <u>äquivariant diffeomorph ist zu</u> $G/H \times_\Gamma P$.

Beweis. $X/G$ ist nach 2.2 eine differenzierbare Mannigfaltigkeit. Es sei $x \in X$ und $G_x = H$ fest gewählt. Die Punkte einer Scheibe $S$ in $x$ haben alle die gleiche Isotropiegruppe $H$, die Isotropiegruppen der Punkte im gleichen Orbit sind konjugiert. Wegen des Zusammenhangs in $X$ gibt es nur einen Orbittyp. $P = \{ x \in X \mid G_x = H \}$ ist der Totalraum eines $\Gamma$-Rechts-Prinzipalbündels, $\Gamma = N(H)/H$. Die Strukturgruppe $\Gamma$ operiert von links effektiv auf $P$. Das Operieren ist auf jeder Faser $P \cap \pi^{-1}(b)$, wo $b \in X/G$ und $\pi : X \to X/G$ die Orbitabbildung ist, transitiv. $(P, \pi | P, X/G, \Gamma)$ ist das gesuchte $\Gamma$-Prinzipalbündel. Die Abbildung $G/H \times_{\Gamma} P \to X$ definiert durch $[gH, p] \to gp$ ist ein äquivarianter Diffeomorphismus.

DEFINITION. Die im vorhergehenden Satz auftretenden G-Mannigfaltigkeiten heissen <u>gefaserte</u> G-<u>Mannigfaltigkeiten</u>.

2.5. Es sei $M$ eine zusammenhängende kompakte differenzierbare Mannigfaltigkeit mit Rand. Der Rand habe die Zusammenhangskomponenten $B_\alpha$, $\alpha \in A$ und es sei $M_0 = M - \partial M$.

DEFINITION. $H$ sei eine abgeschlossene Untergruppe von $G$. Eine <u>Isotropiegruppen-Auswahl</u> ist eine Funktion, die jedem $\alpha \in A$ eine abgeschlossene Untergruppe $U_\alpha$ von $G$ mit $H \subset U_\alpha$ zuordnet. Sie wird mit $(H, U_\alpha \mid \alpha \in A)$ bezeichnet.

Eine Isotropiegruppen-Auswahl $(H, U_\alpha \mid \alpha \in A)$ heisst <u>zulässig</u>, wenn es zu jedem $\alpha \in A$ eine transitive Darstellung von $U_\alpha$ gibt, bei der $H$ als Isotropiegruppe eines von Null verschiedenen Punktes auftritt.

Zwei Isotropiegruppen-Auswahlen $(H, U_\alpha \mid \alpha \in A)$ und $(H', U'_\alpha \mid \alpha \in A)$ heissen äquivalent, wenn $(H) = (H')$ und $(U_\alpha) = (U'_\alpha)$ für jedes $\alpha \in A$. Die Menge der zu $(H, U_\alpha \mid \alpha \in A)$ äquivalenten Isotropiegruppen-Auswahlen wird mit $[[H, U_\alpha \mid \alpha \in A]]$ bezeichnet. Eine Äquivalenzklasse von zulässigen Isotropiegruppen-Auswahlen heisst <u>zulässige Orbitstruktur</u> über $M$.

Zur Klassifikation der G-Mannigfaltigkeiten über $M$ scheint der Begriff der zulässigen Orbitstruktur über $M$ zu grob zu sein. JÄNICH führt aus diesem Grunde in [33] die Orbitfeinstruktur ein:

DEFINITION. Zwei Isotropiegruppen-Auswahlen $(H, U_\alpha \mid \alpha \in A)$ und $(H', U'_\alpha \mid \alpha \in A)$ heissen <u>fein-äquivalent</u>, wenn es ein $g \in G$ gibt und eine Funktion $a : A \to N(H)$ $(\alpha \mapsto a_\alpha)$, so dass $H' = gHg^{-1}$ und für alle $\alpha \in A$ gilt $U'_\alpha = ga_\alpha U_\alpha (ga_\alpha)^{-1}$. Die Menge der zu $(H, U_\alpha \mid \alpha \in A)$ fein-äquivalenten Isotropiegruppen-Auswahlen wird mit $[H, U_\alpha \mid \alpha \in A]$ bezeichnet.

Eine Fein-Äquivalenzklasse von zulässigen Isotropiegruppen-Auswahlen heisst eine <u>zulässige Orbitfeinstruktur über</u> $M$.

## § 3 Der Klassifikationssatz für spezielle G-Mannigfaltigkeiten

3.1. Es sei $X$ wieder eine kompakte spezielle G-Mannigfaltigkeit, zusätzlich wird der Orbitraum $M = X/G$ als zusammenhängend vorausgesetzt. $M$ ist mit der in 2.2 definierten differenzierbaren Struktur versehen, und $\pi : X \to M$ ist die Orbitabbildung. Wie in 2.5 sei $M_o = M - \partial M$ und $\partial M = \cup_{\alpha \in A} B_\alpha$. Zu $X$ soll eine zulässige Orbitfeinstruktur über $M$ angegeben werden, die die Orbitfeinstruktur von $X$ heisst.

Für alle $x \in \pi^{-1}(M_o)$ sind die Isotropiegruppen $G_x$ zueinander konjugiert. Ein Punkt $x_o \in X$ wird fest ausgewählt und $H = G_{x_o}$ gesetzt. Ist $\alpha \in A$, so ist $Y_\alpha = \pi^{-1}B_\alpha$ eine kompakte differenzierbare G-invariante Untermannigfaltigkeit von $X$. Wird mit $E_\alpha$ das Normalenbündel von $Y_\alpha$ bezeichnet, so ist für jedes $y \in Y_\alpha$ der Normalraum $E_{\alpha y}$ gerade gleich dem $G_y$-Modul $W_y$ aus 2.2.

DEFINITION. $y \in Y_\alpha$ berührt $H$ genau dann, wenn das Operieren von $G_y$ auf $E_{\alpha y}$ die Gruppe $H$ als eine Isotropiegruppe besitzt.

LEMMA. Es gibt ein $y \in Y_\alpha$, das $H$ berührt.

Beweis. Dazu sei $z \in Y_\alpha$ und $v$ ein Element aus $E_{\alpha z}$, das von der Null in $E_{\alpha z}$ verschieden ist. Das Normalenbündel $E_\alpha$ ist selbst eine G-Mannigfaltigkeit und ein äquivariantes Vektorraumbündel über $Y_\alpha$. Da $E_{\alpha z} = W_z$, ist $G_v$ zu $H$ konjugiert und ausserdem ist $G_v \subset G_z$. Alle Gruppen aus $(H)$ treten als Isotropiegruppe von Elementen des Orbits $Gv$ auf. Das beweist die Behauptung.

Ein $y_\alpha \in Y_\alpha$, das $H$ berührt, wird fest ausgewählt und $G_{y_\alpha} = U_\alpha$ gesetzt.

LEMMA. Zwei solche Auswahlen $(H, U_\alpha \mid \alpha \in A)$ und $(H', U'_\alpha \mid \alpha \in A)$, die nach dem beschriebenen Verfahren zu $X$ konstruiert werden, sind fein-äquivalent.

Beweis. Wenn $y \in Y$ die Gruppe $H$ berührt, dann berührt $gy$ die Gruppe $gHg^{-1}$. Deshalb darf o.B.d.A. $H = H'$ angenommen werden. Weiter wird gezeigt: Wenn $y \in Y_\alpha$ die Gruppe $H$ berührt, dann gibt es in jedem Orbit von $Y_\alpha$ ein Element mit Isotropiegruppe $G_y$, das $H$ berührt. Um die Behauptung lokal zu beweisen, wird der Normalraum $V_y = F_y \oplus W_y$ (vgl. 2.2) betrachtet. Die Punkte von $F_y$ haben alle $G_y$ als Isotropiegruppe und berühren $H$. Dann gibt es aber eine Scheibe in $y$, so dass alle Punkte aus $S \cap Y_\alpha$ gerade $G_y$ als Isotropiegruppe haben und $H$ berühren. Mit Hilfe solcher Scheiben kann man leicht einen wegweise zusammenhängenden Unterraum $Z$ von $Y_\alpha$ mit $\pi(Z) = B_\alpha$ konstruieren, so dass jedes $z \in Z$ die Isotropiegruppe $G_y$ hat und $H$ berührt. Deshalb kann man $y_\alpha$ und $y'_\alpha$ im gleichen Orbit wählen, d.h. es gibt ein $k \in G$, so dass $y'_\alpha = ky_\alpha$. Sind $x \in W_{y_\alpha}$ und $z \in W_{y'_\alpha}$, so dass ihre Isotropiegruppe beim Operieren von $G_{y_\alpha}$ bzw. $G_{y'_\alpha}$ gerade $H$ ist, dann lassen sich $k$ und $z$ so wählen, dass $kx = z$ ($G$ operiert in $E_\alpha$). Daher ist $k$ aus $N(H)$ und $U'_\alpha = kU_\alpha k^{-1}$.

3.2 Nach 2.4 ist $\pi^{-1}(M_0)$ eine gefaserte G-Mannigfaltigkeit über $M_0$. Das in 2.4 angegebene Prinzipalbündel soll zu einem Prinzipalbündel über ganz $M$ erweitert werden. Dazu wird auf $X$ eine G-invariante Riemannsche Metrik gewählt und das Normalenbündel $E_\alpha$ von $Y_\alpha$ mit einer äquivarianten Tubenumgebung von $Y_\alpha$ in $X$ mittels der Tubenabbildung $T : E_\alpha \to X$ identifiziert (vgl. LANG [40] S. 106). Es seien $BY_\alpha = \{ y \mid y \in E_\alpha , \|y\| \leq 1 \}$ und $SY_\alpha = \{ y \mid y \in E_\alpha , \|y\| = 1 \}$. In der punktfremden Vereinigung von $X - Y_\alpha$ und $SY_\alpha \times [0,1)$ werden $u \times t \in SY_\alpha \times (0,1)$ und $T(u.t) \in X - Y_\alpha$ identifiziert. Der so entstandene Raum $\tilde{X}$ ist in natürlicher Weise eine differenzierbare G-Mannigfaltigkeit mit Rand. $\rho : \tilde{X} \to X$ sei die natürliche Projektion und $\tilde{\pi} = \pi \circ \rho$. Beide Abbildungen $\rho$ und $\tilde{\pi}$ sind äquivariant.

LEMMA. $\tilde{\pi}$ <u>ist eine differenzierbare Abbildung</u>.

Beweis. Mit Hilfe des Bündels $BY_\alpha$ wird ein Diffeomorphismus $f$ von $B_\alpha \times [0,1)$ auf eine Umgebung von $B_\alpha$ in $M$ definiert: Zu jedem

$x \in B_\alpha$ gibt es eine Umgebung $U$ in $B_\alpha$ und eine Abbildung $s : U \to SY_\alpha$, so dass $(\pi \circ T)\,(s(y).0) = y$ für alle $y \in U$. Dann wird $f$ auf $U \times [0,1)$ definiert durch $f(y,t) = \pi \circ T(s(y).t)$. Da $f$ nicht von den speziellen $s$ abhängt, ist es auf ganz $B_\alpha \times [0,1)$ definiert und $f(x,0) = x$ für alle $x \in B_\alpha$. Durch spezielle Wahl des $s$ zeigt man, dass $f$ ein Diffeomorphismus ist.

Die Differenzierbarkeit von $\tilde{\pi}$ über $M_0$ ist klar. Die Differenzierbarkeit über $B_\alpha$ folgt aus dem kommutativen Diagramm.

$$\begin{array}{ccccc} \tilde{X} & \longleftarrow & SY_\alpha \times [0,1) & \qquad & (x,t) \\ \downarrow{\scriptstyle \tilde{\pi}} & & \downarrow & & \downarrow \\ M & \xleftarrow{\;f\;} & B_\alpha \times [0,1) & & (\pi \circ T(x.0),\, t) \end{array}$$

Da diese Überlegung für jedes $\alpha$ gilt, folgt das Lemma.

Wählt man eine andere Tubenabbildung, so erhält man eine andere Mannigfaltigkeit $\tilde{X}_1$. Aber $\tilde{X}$ und $\tilde{X}_1$ sind äquivariant diffeomorph und die Identität über $M_0$ lässt sich auf genau eine Weise zu einer Diffeomorphie fortsetzen. Zunächst ist klar, dass das auf höchstens eine Weise möglich ist. Dass es möglich ist, zeigt man lokal mittels des folgenden Hilfssatzes.

HILFSSATZ. Es sei $f : \mathbb{R}^k \times \mathbb{R}^n \to \mathbb{R}^k \times \mathbb{R}^n$ mit $f(x,y) = (f_1(x,y), f_2(x,y))$ ein Diffeomorphismus von $\mathbb{R}^k \times \mathbb{R}^n$ auf eine Umgebung von $\mathbb{R}^k \times 0$ und $f(x,0) = (x,0)$ für alle $x \in \mathbb{R}^k$. Dann gibt es einen Diffeomorphismus $\tilde{f}$ von $\mathbb{R}^k \times S^{n-1} \times \mathbb{R}^+$ auf eine Umgebung von $\mathbb{R}^k \times S^{n-1} \times 0$ in $\mathbb{R}^k \times S^{n-1} \times \mathbb{R}^+$, der auf $\mathbb{R}^k \times (\mathbb{R}^n - \{0\}) = \mathbb{R}^k \times S^{n-1} \times (0,\infty)$ mit $f$ übereinstimmt.

Beweis. Es wird die übliche Matrizenschreibweise benutzt. Es gibt differenzierbare Abbildungen

$$g_1 : \mathbb{R}^k \times \mathbb{R}^n \to \mathfrak{M}(k,n) \quad (=(k \times n) - \text{Matrizen})$$
$$g_2 : \mathbb{R}^k \times \mathbb{R}^n \to \mathfrak{M}(n,n)$$

so dass

$$f(x,y) = (x + g_1(x,y)y,\ g_2(x,y)y) .$$

Das zeigt man nach MILNOR [47] folgendermassen:

$$f(x,y) - f(x,0) = \int_0^1 \frac{\partial}{\partial t} f(x,ty)dt = \left(\int_0^1 \frac{\partial f}{\partial y}(x,ty)dt\right)y$$

Man definiert:

$$g_1(x,y) = \int_0^1 \frac{\partial f_1}{\partial y} (x,ty)dt$$

$$g_2(x,y) = \int_0^1 \frac{\partial f_2}{\partial y} (x,ty)dt$$

Damit lässt sich $\tilde{f}$ definieren durch

$$\tilde{f}(x,y,t) = \left(x + g_1(x,ty)y,\ \frac{g_2(x,ty)y}{\|g_2(x,ty)y\|},\ t\|g_2(x,ty)y\|\right)$$

In diesem Ausdruck ist auch $\|g_2(x,0)y\| \neq 0$ für $y \neq 0$, da

$g_2(x,0) = \frac{\partial f_2}{\partial y}(x,0)$ und

$$f'(x,0) = \begin{pmatrix} \frac{\partial f_1}{\partial x}(x,0) & \frac{\partial f_1}{\partial y}(x,0) \\ 0 & \frac{\partial f_2}{\partial y}(x,0) \end{pmatrix}$$

invertierbar ist.

In $\widetilde{X}$ haben alle Isotropiegruppen den gleichen Orbittyp. Die differenzierbare Mannigfaltigkeit $\widetilde{P} = \{ x \in \widetilde{X} \mid G_x = H \}$ ist Totalraum eines differenzierbaren $\Gamma$- Rechts-Prinzipalbündels über $M$ mit Projektion $\widetilde{\pi}|\widetilde{P}$ , das ebenfalls durch $\widetilde{P}$ bezeichnet wird.

3.3. Für alle $\alpha \in A$ sei $\Omega_\alpha = N(H) \cap N(U_\alpha)/H \subset \Gamma$ . Die Strukturgruppe $\Gamma$ von $\widetilde{P}_\alpha = \widetilde{P}|B_\alpha$ lässt sich auf $\Omega_\alpha$ reduzieren, d.h. es gibt einen differenzierbaren Schnitt $\sigma_\alpha : B_\alpha \to \Omega_\alpha \backslash \widetilde{P}_\alpha$ , der definiert ist durch

$$\sigma_\alpha(b) = \{ x \in \widetilde{P}_{\alpha b} \mid G_{\rho(x)} = U_\alpha \}$$

für alle $b \in B_\alpha$ .

LEMMA. $\sigma_\alpha(b)$ <u>ist nicht leer und ein</u> $\Omega_\alpha$<u>-Orbit.</u>

Beweis. Es sei $p : SY_\alpha \to Y_\alpha$ die Bündelprojektion. Dann ist
$\widetilde{P}_{\alpha\, b} = \{ (x,0) \mid x \in SY_\alpha$ mit $\pi \circ p(x) = b$ und $G_x = H \}$ .
Nach Konstruktion der Orbitfeinstruktur von $X$ über $M$ gibt es ein $y \in \pi^{-1}(b)$ , das $H$ berührt mit $G_{\rho(y)} = U_\alpha$ . Daher ist $\sigma_\alpha(b)$ nicht leer, es sei $x \in \sigma_\alpha(b)$ . Um zu zeigen, dass $\sigma_\alpha(b) = \Omega_\alpha x$ ist, sei zunächst $g \in N(U_\alpha) \cap N(H)$ . Wegen $p(gx) = gp(x) = g\rho(x)$ ist $G_{gx} = H$ und $G_{g\rho(x)} = U_\alpha$. Ist andererseits $z \in \sigma_\alpha(b)$ , so gilt $G_z = H$ und und $G_{\rho(z)} = U_\alpha$ . Da $\Gamma$ in jeder Faser $\widetilde{P}_{\alpha b}$ transitiv operiert, gibt es ein $k \in N(H)$ , so dass $kz = x$ . Dann ist $U_\alpha = G_{\rho(kz)} = kG_{\rho z}k^{-1} = kU_\alpha k^{-1}$ , d.h. $k \in N(U_\alpha)$ . Das beweist die Behauptung.

Damit ist jeder G-Mannigfaltigkeit $(X,\pi)$ über $M$ mit der Orbitfeinstruktur $[H,U_\alpha \mid \alpha \in A]$ von $X$ auch ein Datum $(\widetilde{P},\sigma_\alpha \mid \alpha \in A)$ zugeordnet, bestehend aus dem $\Gamma$-Rechts-Prinzipalbündel $\widetilde{P}$ und einem differenzierbaren Schnitt $\sigma_\alpha : B_\alpha \to \Omega_\alpha \backslash \widetilde{P}_\alpha$ über jeder Randkomponente $B_\alpha$ .

**DEFINITION:** Zwei solche Daten $(\widetilde{P}, \sigma_\alpha \mid \alpha \in A)$ und $(\widetilde{P}', \sigma'_\alpha \mid \alpha \in A)$ heissen <u>äquivalent</u>, wenn es einen Isomorphismus $h : \widetilde{P} \to \widetilde{P}'$ von Prinzipalbündeln gibt, so dass mit der durch $h$ induzierten Abbildung

$h_\alpha : \Omega_\alpha \backslash \widetilde{P}_\alpha \to \Omega'_\alpha \backslash \widetilde{P}'_\alpha$ für alle $\alpha \in A$ gilt $\sigma'_\alpha = h_\alpha \circ \sigma_\alpha$.

Dabei sollen zwei Rechts-Prinzipalbündel $\widetilde{P}$ und $\widetilde{P}'$ mit Gruppen $\Gamma$ und $\Gamma'$ und dem Isomorphismus $g : \Gamma \to \Gamma'$ isomorph heissen, wenn es eine differenzierbare Abbildung $f : \widetilde{P} \to \widetilde{P}'$ gibt, so dass gilt: 1. Für alle $x \in \widetilde{P}$ ist $\widetilde{\pi}(x) = \widetilde{\pi}' \circ f(x)$. 2. Für alle $x \in \widetilde{P}$ und $\gamma \in \Gamma$ ist $f(\gamma x) = g(\gamma) \cdot f(x)$.

Die Menge der Äquivalenzklassen solcher Daten wird mit $\Pi[\Gamma, \Omega_\alpha \mid \alpha \in A]$ bezeichnet.

3.4. Unter den kompakten speziellen G-Mannigfaltigkeiten über der zusammenhängenden Mannigfaltigkeit $M$ mit vorgegebener Orbitfeinstruktur wird die folgende Äquivalenzrelation eingeführt.

DEFINITION. Zwei kompakte spezielle G-Mannigfaltigkeiten $X_1$, $X_2$ über $M$ mit vorgegebener zulässiger Orbitfeinstruktur über $M$ heissen <u>äquivalent</u>, wenn es einen äquivarianten Diffeomorphismus $f$ von $X_1$ auf $X_2$ gibt, der auf $M$ eine Abbildung $\bar{f}$ induziert, derart dass $\bar{f} \mid \partial M = Id_{\partial M}$ und $\bar{f}$ stark diffeotop ist zur Identität auf $M$.

Stark diffeotop soll heissen: Es gibt eine differenzierbare Abbildung $F : M \times I \to M$, so dass für alle $t \in I$ die Abbildung $m \mapsto F(m,t)$ von $M$ in sich ein Diffeomorphismus ist und $F(m,0) = m$, $F(m,1) = \bar{f}(m)$ für alle $m \in M$, und $F(m,t) = m$ für alle $m \in \partial M$ und $t \in I$.

Die Menge der Äquivalenzklassen dieser Art zu der zulässigen Orbitfeinstruktur $[H, U_\alpha \mid \alpha \in A]$ wird mit $S([H, U_\alpha \mid \alpha \in A])$ bezeichnet.

SATZ. <u>Die Konstruktion, die jeder kompakten G-Mannigfaltigkeit über</u> $M$ <u>mit zulässiger Orbitfeinstruktur</u> $[H, U_\alpha \mid \alpha \in A]$ <u>ein Element aus</u>

$\Pi[\Gamma, \Omega_\alpha \mid \alpha \in A]$ zuordnet, induziert eine Abbildung

$$\Delta : S([H, U_\alpha \mid \alpha \in A]) \to \Pi[\Gamma, \Omega_\alpha \mid \alpha \in A]$$

Beweis. Es seien $X_1$ und $X_2$ aus der gleichen Klasse in $S([H, U_\alpha \mid \alpha \in A])$, $f : X_1 \to X_2$ ein äquivarianter Diffeomorphismus, so dass $\overline{f} : M \to M$ stark diffeotop ist zur Identität. Es wird eine Tubenabbildung $T_1$ des Normalenbündels von $\pi_1^{-1}(\partial M)$ gewählt und die Tubenabbildung $T_2$ definiert als $T_2 = f \circ T_1$. Dann induziert $f$ einen Isomorphismus $\tilde{P}_1 \to \overline{f}^*\tilde{P}_2$, der mit den Reduktionen über dem Rand verträglich ist. Weil $\overline{f}$ stark diffeotop ist zur Identität, gibt es einen Isomorphismus von Prinzipalbündeln $\overline{f}^*\tilde{P}_2 \cong \tilde{P}_2$, der über $\partial M$ gleich der Identität ist.

Nach diesen Vorbereitungen kann der von K.JÄNICH bewiesene Klassifikationssatz für spezielle G-Mannigfaltigkeiten formuliert werden.

SATZ von JÄNICH [33]. Die Abbildung

$$\Delta : S([H, U_\alpha \mid \alpha \in A]) \to \Pi[\Gamma, \Omega_\alpha \mid \alpha \in A]$$

ist bijektiv.

Ein entsprechender Satz wurde unabhängig von WU-CHUNG HSIANG und WU-YI HSIANG in [29] bewiesen.

## § 4 Spezielle O(n)-Mannigfaltigkeiten über $D^2$

4.1. $M$ sei eine zusammenziehbare kompakte differenzierbare Mannigfaltigkeit mit Rand, und die Dimension von $M$ sei $\geq 2$. Mit dem POINCARE-LEFSCHETZSCHEN Dualitätssatz (vgl. SPANIER [68] S. 298) folgt, dass der Rand von $M$ zusammenhängend ist. Eine Isotropiegruppenauswahl besteht in diesem Falle nur aus zwei Untergruppen $U$ und $H$ von $G$. Ist $[H,U]$ eine zulässige Orbitfeinstruktur über $M$, so seien $\Gamma = N(H)/H$ und $\Omega = N(H) \cap N(U)/H$.

SATZ. $M$ sei eine zusammenziehbare kompakte differenzierbare Mannigfaltigkeit mit Rand und $[H,U]$ eine zulässige Orbitfeinstruktur über $M$. Dann gilt eine eineindeutige Beziehung

$$\Pi[\Gamma,\Omega] \cong [\partial M,\Omega\backslash\Gamma]/\pi_0(\Gamma) ,$$

wo $[\partial M,\Omega\backslash\Gamma]$ die Menge der Homotopieklassen von stetigen Abbildungen $\partial M \to \Omega\backslash\Gamma$ und $\pi_0(\Gamma)$ die Gruppe der Zusammenhangskomponenten von $\Gamma$ bezeichnen.

Beweis. Da $M$ zusammenziehbar ist, haben alle $\Gamma$-Prinzipalbündel über $M$ die Form $M\times\Gamma$. Ein Isomorphismus $h$ des $\Gamma$-Rechts-Prinzipalbündels wird gegeben durch eine Abbildung $\tilde{h} : M \to \Gamma$, so dass $h(x,\gamma) = (x,\gamma\tilde{h}(x))$ für alle $x \in M$ und $\gamma \in \Gamma$. Daher genügt es, in $\Pi[\Gamma,\Omega]$ die Äquivalenzklassen von differenzierbaren Abbildungen $\partial M \to \Omega\backslash\Gamma$ zu betrachten. Zwei solche Abbildungen $\sigma$ und $\sigma'$ sind genau dann äquivalent ($\sigma$ äqu. $\sigma'$), wenn es eine differenzierbare Abbildung $\eta : M \to \Gamma$ gibt, so dass für alle $x \in \partial M$ gilt $\sigma'(x) = \sigma(x)\eta(x)$.

In $[\partial M,\Omega\backslash\Gamma]/\pi_0(\Gamma)$ sind $\sigma$ und $\sigma'$ genau dann äquivalent ($\sigma$ $\widetilde{\text{äqu.}}$ $\sigma'$), wenn es ein $\gamma \in \Gamma$ gibt, so dass $\sigma'$ homotop ist zu $\sigma \cdot \gamma$. Da es zu jeder stetigen Abbildung $\partial M \to \Omega\backslash\Gamma$ eine homotope differenzierbare Abbildung gibt, genügt es zu zeigen, dass die beiden Äquivalenzrelationen unter den differenzierbaren Abbildungen $\partial M \to \Omega\backslash\Gamma$ die gleiche Klasseneinteilung liefern.

Es sei $\sigma$ äqu. $\sigma'$. Da es eine stetige Abbildung $H : M \times I \to M$ gibt, mit $H(x,0) = x$ und $H(x,1) = x_0$ für alle $x \in M$, ist $\sigma'$ homotop zu $\sigma.\eta(x_0)$, d.h. $\sigma'$ $\widetilde{\text{äqu.}}$ $\sigma$.

Sei umgekehrt $\sigma$ $\widetilde{\text{äqu.}}$ $\sigma'$ und o.B.d.A. $\sigma'$ homotop zu $\sigma$ vermöge der differenzierbaren Homotopie $h : \partial M \times I \to \Omega\backslash\Gamma$ mit $h(x,0) = \sigma(x)$ und $h(x,1) = \sigma'(x)$. Zunächst sei bemerkt, dass $\Gamma \to \Omega\backslash\Gamma$ ein $\Omega$-Rechts-Prinzipalbündel ist. Es bezeichne $\chi : \partial M \times I \to \partial M$ die natürliche Projektion. Die von $h$ und $\sigma \circ \chi$ induzierten Bündel über $\partial M \times I$ sind nach STEENROD [69] Theorem 11.5 isomorph und nach [69] § 6.7 sogar differenzierbar isomorph. Der Isomorphismus $\kappa : h^*\Gamma \to (\sigma \circ \chi)^*\Gamma$ lässt sich so wählen, dass $\tilde{h} \mid \pi^{-1}(\partial M \times 0) = \tilde{\sigma} \circ \kappa \mid \rho^{-1}(\partial M \times 0)$, wo die Bezeichnungen aus dem folgenden Diagramm mit kommutativen Rechtecken zu entnehmen sind.

$$\begin{array}{ccccc}
h^*\Gamma & \xrightarrow{\quad\kappa\quad} & & & (\sigma \circ \chi)^*\Gamma \\
 & \searrow^{\tilde{h}} & \Gamma & \swarrow^{\tilde{\sigma}} & \\
\downarrow \pi & & \downarrow & & \downarrow \rho \\
\partial M \times I & \longrightarrow & & \longrightarrow & \partial M \times I \\
 & \searrow^{h} & \Omega\backslash\Gamma & \swarrow^{\sigma \circ \chi} &
\end{array}$$

Die Bündelabbildungen sind Homomorphismen von $\Omega$-Rechts-Prinzipalbündeln. Die Abbildung $r : h^*\Gamma \to \Gamma$ wird definiert durch $r(u) = (\tilde{\sigma} \circ \kappa)(u)^{-1}\, \tilde{h}(u)$. Dann gilt $(\tilde{\sigma} \circ \kappa)(u) \,.\, r(u) = \tilde{h}(u)$ und für alle $\omega \in \Omega$ und $u \in h^*\Gamma$ ist $r(\omega u) = r(u)$. Daher gibt es eine stetige Abbildung $\tau : \partial M \times I \to \Gamma$ mit $\tau(\pi(u)) = r(u)$ und $h(x,t) = \sigma(x) \,.\, \tau(x,t)$ für alle $(x,t) \in \partial M \times I$, insbesondere $\tau(x,0) = 1$. Da es einen Diffeomorphismus $f$ von $\partial M \times I$ auf eine Umgebung von $\partial M$ in $M$ mit $f(x,1) = x$ für alle $x \in \partial M$ gibt, kann man sofort eine Abbildung $\eta : M \to \Gamma$ angeben, so dass $\eta(x) = \tau(x,1)$ für alle $x \in \partial M$. Daher ist $\sigma$ äqu. $\sigma'$ und der Satz ist bewiesen.

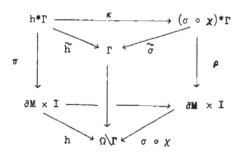

4.2. Beispiel. Es sei $M = D^2$, die Einheitskreisscheibe, mit Rand $S^1$. Für die speziellen kompakten $O(n)$-Mannigfaltigkeiten mit Orbitfeinstruktur $[O(n-2), O(n-1)]$ gilt

$$[\partial M, \Omega\backslash\Gamma]/\pi_0(\Gamma) = [S^1, S^1]/\pi_0(O(2))$$

Daraus ergibt sich der

SATZ. <u>Die speziellen</u> $O(n)$-<u>Mannigfaltigkeiten über</u> $D^2$ <u>mit Orbittypen</u> $(O(n-1))$ <u>und</u> $(O(n-2))$ <u>werden durch die nicht-negativen ganzen Zahlen</u> $\mathbb{Z}^+$ <u>in der angegebenen Weise klassifiziert</u>.

4.3. BEMERKUNG. Eine spezielle G-Mannigfaltigkeit $X$ über $M$ war definiert als die Mannigfaltigkeit $X$ zusammen mit einer Projektion $\pi$ von $X$ auf den Orbitraum $M$. In den Anwendungen der nächsten Paragraphen ist immer $M = D^2$. Oft kann man sofort eine stetige surjektive Abbildung $s : X \to D^2$ angeben, die auf den Orbits konstant ist und auf verschiedenen Orbits verschiedene Werte annimmt. Daraus folgt dann, dass der Orbitraum $M$ homöomorph ist zu $D^2$. Nun gibt es aber auf $D^2$ nur eine differenzierbare Struktur: Die Hauptvermutung gilt in der Dimension 2 (ein Beweis für Flächen und berandete Flächen findet sich z.B. in dem Buch von AHLFORS-SARIO [ 3 ] S. 110). Für zwei differenzierbare Mannigfaltigkeiten mit Rand, die zu der n-dimensionalen Vollkugel homöomorph sind, folgt aus der kombinatorischen Äquivalenz die Diffeomorphie (vgl. MUNKRES [56], THOM [70]). Deshalb ist $M$ dann sogar diffeomorph zu $D^2$. Die Abbildung $s$ induziert einen Homöomorphismus $h$ von $D^2$ auf sich, so dass das Diagramm

$$\begin{array}{ccc} & X & \\ {}^{\pi}\swarrow & & \searrow^{s} \\ D^2 & \xrightarrow{h} & D^2 \end{array}$$

kommutativ ist. Ausserdem lässt sich $s$ zu einer Abbildung $\tilde{s} : \tilde{P} \to D^2$ fortsetzen. In 3.3. ist der Schnitt $\sigma : S^1 \to \Omega\backslash\tilde{P}|S^1$ definiert durch $\sigma(b) = \{x \in \tilde{P}_b = \tilde{\pi}^{-1}(b) \mid G_{\rho(x)} = U\}$. Ebenso kann man die stetige Abbildung $\tau : S^1 \to \Omega\backslash\widetilde{P}|S^1$ definieren durch $\tau(b) = \{x \in \widetilde{s}^{-1}(b) \mid G_{\rho(x)} = U\}$. Dann ist $\tau \circ h(b) = \sigma(b)$ für alle $b \in S^1$, und die beiden Klassen $[\tau]$ und $[\sigma]$ in $[S^1,\Omega\backslash\Gamma]$ unterscheiden sich höchstens bis auf ein Vorzeichen, das aber nach 4.2. keine Rolle spielt.

4.4. Es scheint allgemein nicht bekannt zu sein, ob eine Orbitstruktur mit mehreren Orbitfeinstrukturen existiert, oder ob es zu jeder zulässigen Orbitstruktur über $M$ genau eine zulässige Orbitfeinstruktur über $M$ gibt. Für die im folgenden auftretenden Fälle gilt der

SATZ. Es sei $M$ wie in 4.1., und es seien $G=O(n)$, $U \in (O(n-1))$ und $H \in (O(n-2))$. Dann gibt es zu jeder zulässigen Orbitstruktur $[[H,U]]$ über $M$ genau eine zulässige Orbitfeinstruktur.

Beweis. Für einen linearen Unterraum $E$ des $\mathbb{R}^n$ sei $O(n)_E = \{ g \mid g \in O(n) , g(E) = E \text{ und } g|E^{\perp} = id\}$, wo $E^{\perp}$ das orthogonale Komplement von $E$ in $\mathbb{R}^n$ bezeichnet. Dann ist $O(n)_{gE} = g\,O(n)_E g^{-1}$ für alle $g \in O(n)$. Aus $O(n)_E = O(n)_{E'}$ für zwei lineare Unterräume $E$ und $E'$ folgt $E = E'$, und es ist $N(O(n)_E) = \{ g \mid g \in O(n) , g(E) = E\}$. Es sei nun $[[H,U]] = [[H',U']]$, d.h. es gibt $g, h \in O(n)$, so dass $gHg^{-1} = H'$ und $hUh^{-1} = U'$. Zu $H$ und $H'$ gehören $(n-2)$-dimensionale lineare Unterräume $E_{n-2}$ und $E'_{n-2}$, so dass $H = O(n)_{E_{n-2}}$ und $H' = O(n)_{E'_{n-2}}$, und es ist $gE_{n-2} = E'_{n-2}$. Entsprechend gehören zu $U$ und $U'$ die $(n-1)$-dimensionalen Unterräume $E_{n-1}$ und $E'_{n-1}$ mit $U = O(n)_{E_{n-1}}$, $U' = O(n)_{E'_{n-1}}$ und $hE_{n-1} = E'_{n-1}$. Ausserdem gilt $E_{n-2} \subset E_{n-1}$ und $E'_{n-2} \subset E'_{n-1}$. Es sei $a \in O(n)$ derart, dass $aE_{n-2} = E_{n-2}$ und $gaE_{n-1} = hE_{n-1}$. Eine einfache geometrische Überlegung zeigt die Existenz eines solchen $a$. Dieses $a$ liegt in $N(O(n)_{E_{n-2}})$ und $gaU(ga)^{-1} = U'$.

4.5. Zur Klassifikation der speziellen $O(n)$-Mannigfaltigkeiten über $D^2$ mit Orbittypen $(O(n-2))$ und $(O(n-1))$ ist der folgende Satz nützlich.

SATZ. Es sei $X$ eine spezielle $O(n)$-Mannigfaltigkeit über $D^2$ mit zulässiger Orbitstruktur $[[O(n-2), O(n-1)]]$ und der Invarianten $d \in \mathbb{Z}^+$ aus 4.2. Dann ist die Fixpunktmenge $F_{O(k)}$ von $X$ unter $O(k)$ für $k < n-1$ eine spezielle $O(n-k)$-Mannigfaltigkeit mit Orbitstruktur $[[O(n-k-2), O(n-k-1)]]$ und der gleichen Invarianten d.

Beweis. $O(s)$ ist in $O(s+1)$ eingebettet durch $A \mapsto \begin{pmatrix} 1 & 0 \\ 0 & A \end{pmatrix}$ für alle $s < n$. Zunächst ist es klar, dass $F_{O(k)}$ spezielle $O(n-k)$-Mannigfaltigkeit über $D^2$ ist. Die Inklusion $F_{O(k)} \subset X$ liefert eine Inklusion der zugehörigen $\Gamma$-Prinzipalbündel und die gleiche Reduktion $S^1 \to \Omega\backslash\Gamma = O(1) \times O(1) \setminus O(2)$. Diese Abbildung ist von $k$ unabhängig. Damit ist der Satz bewiesen.

4.6. DEFINITION. Die dreidimensionalen Linsenräume $L(d)$ sind definiert durch

$$L(0) = S^2 \times S^1$$
$$L(d) = S^3/\mathbb{Z}_d \quad \text{für } d \geq 1 ,$$

wo die Gruppe $\mathbb{Z}_d$ der d-ten Einheitswurzeln frei auf $S^3 = \{(t_1,t_2) \in \mathbb{C}^2 \mid |t_1|^2 + |t_2|^2 = 1\}$ operiert durch

$$\varepsilon(t_1,t_2) = (\varepsilon t_1,\varepsilon t_2) \ , \ \varepsilon \in \mathbb{Z}_d \ .$$

SATZ. Eine spezielle $O(2)$-Mannigfaltigkeit über $D^2$ mit Orbitstruktur $[[1,O(1)]]$, zu der nach 4.2. die Invariante $d \in \mathbb{Z}^+$ gehört, ist diffeomorph zu dem Linsenraum $L(d)$.

Beweis. Auf $L(d)$ wird eine Operation von $O(2)$ eingeführt, bezüglich der $L(d)$ eine spezielle $O(2)$-Mannigfaltigkeit ist über $D^2$ mit der Invarianten $d$. Die Behauptung folgt dann nach 4.2.

a) $d \geq 1$. Das Bild von $(x,y) \in S^3$ unter der natürlichen Projektion auf $L(d) = S^3/\mathbb{Z}_d$ wird mit $[x,y]$ bezeichnet. Wir setzen $T = \begin{pmatrix} 1 & 0 \\ 0 & -1 \end{pmatrix}$. Dann ist $O(2) = S^1 \cup TS^1$ , wo $S^1 = SO(2)$ mit den komplexen Zahlen vom Betrag 1 identifiziert wird. Für $\alpha \in S^1$ gilt $\alpha T = T\bar{\alpha}$ , und $O(2)$ soll auf $L(d)$ operieren durch

$$e^{i\varphi}[x,y] = [e^{i\varphi/d}x,\ e^{i\varphi/d}y]\ ,\quad T[x,y] = [\bar{y},\bar{x}]$$

Es ist zu zeigen, dass $L(d)$ durch dieses Operieren zu einer speziellen $O(2)$-Mannigfaltigkeit wird. Die Punkte der Form $[x,y]$ mit $|x| = |y|$ haben eine Isotropiegruppe mit Orbittyp $(O(1))$ . Die übrigen Punkte haben die Isotropiegruppe 1 .

Der Punkt $\left[\frac{e^{i\varphi}}{\sqrt{2}}, \frac{e^{-i\varphi}}{\sqrt{2}}\right]$ hat Isotropiegruppe $O(1)$ . Zur Untersuchung des Tangentialraumes betrachtet man eine Umgebung des Punktes $q = \frac{1}{\sqrt{2}}(e^{i\varphi}, e^{-i\varphi}) \in S^3$ . Als Punkt aus $\mathbb{R}^4$ hat $q$ die Form $(\alpha,\beta,\alpha,-\beta)$. Der Tangentialraum an $S^3$ in $q$ wird aufgespannt von den Vektoren $e_1 = (\beta,-\alpha,\beta,\alpha)$, $e_2 = (\alpha,\beta,-\alpha,\beta)$ und $e_3 = (-\beta,\alpha,\beta,\alpha)$ . Der Normalraum $V_q$ an den Orbit wird von $e_1$ und $e_2$ aufgespannt, und es sind $Te_1 = e_1$ und $Te_2 = -e_2$ . Da jeder Orbit mit Orbittyp $(O(1))$ einen Punkt dieser Form enthält, ist gezeigt, dass $L(d)$ speziell ist.

Eine Orbitabbildung von $L(d)$ auf $D^2$ ist gegeben durch

$$[x,y] \mapsto \frac{x}{y}\ ,\qquad |x| \le |y|$$

$$[x,y] \mapsto \overline{\left(\frac{y}{x}\right)}\ ,\qquad |y| \le |x|$$

Die Abbildung $D^2 \times O(2) \to L(d)$ sei definiert durch $(x,\alpha) \mapsto \alpha[x,1]$ . Der Raum $\tilde{X} = \tilde{P}$ besteht aus der punktfremden Vereinigung von $\{\alpha[x,1] \mid x \in D^2\ ,\ \alpha \in S^1\}$ mit $\{\alpha[x,1] \mid x \in D^2\ ,\ \alpha \in TS^1\}$ . Es ist $\Gamma = O(2)$ und $\Omega = O(1) \times O(1) = \mathbb{Z}_2 \oplus \mathbb{Z}_2$ . Das Bündel $\Omega\backslash\tilde{P}|S^1$ ist ein triviales $S^1/\mathbb{Z}_2$-Bündel über $S^1$ . Die Punkte aus $\tilde{P}$ über $e^{i\varphi} \in S^1$ mit Isotropiegruppe $O(1)$ sind die Punkte $[e^{i\varphi/2}, e^{-i\varphi/2}]$ , $-\mathrm{Id}[e^{i\varphi/2}, e^{-i\varphi/2}]$ in jeder der beiden Zusammenhangskomponenten der Faser. Mit der Auswahl dieser Punkte wird eine Abbildung

$S^1 \to S^1/\mathbb{Z}_2 \cong S^1$ definiert: $e^{i\varphi} \mapsto \pm [e^{i\varphi/2}, e^{-i\varphi/2}] = \pm e^{-id\varphi/2}[e^{i\varphi},1]$ $\to e^{-id\varphi}$. Das ist eine Abbildung vom Grad $-d$. Da es auf das Vorzeichen in diesem Falle nicht ankommt, ist die Behauptung für $d \geq 1$ bewiesen.

b) $d = 0$. Es sei $S^2 \subset \mathbb{R}^3$ die Standardsphäre und $s : S^2 \to S^2$ die Spiegelung an $\{(u,v,o) \mid u,v \in \mathbb{R}\}$. Das Operieren von $O(2)$ auf $S^2 \times S^1$ wird definiert durch

$$\alpha(x,y) = (x,\alpha y)\ ,\ \alpha \in S^1\ ,\ \text{und } T(x,y) = (sx,\bar{y})$$

Ebenso wie vorher erhält man eine Abbildung $S^1 \to S^1$, die in diesem Fall konstant ist, also den Abbildungsgrad Null hat.

KOROLLAR. <u>Die speziellen</u> $O(2)$-<u>Mannigfaltigkeiten über</u> $D^2$ <u>mit Orbittypen</u> $(O(1))$ <u>und</u> $(1)$ <u>werden durch ihre Fundamentalgruppe, und da diese abelsch ist, durch ihre erste Homologiegruppe klassifiziert.</u>

## § 5 Die Mannigfaltigkeiten $W^{2n-1}(d)$

5.1. Es sei $d$ eine nicht-negative ganze Zahl. Mit $W^{2n-1}(d)$ wird die Menge der Punkte $z = (z_0, z_1, \dots, z_n) \in \mathbb{C}^{n+1}$ bezeichnet, die folgenden beiden Gleichungen genügen:

$$(1) \qquad \begin{aligned} z_0^{\,d} + z_1^{\,2} + z_2^{\,2} + \dots + z_n^{\,2} &= 0 \\ z_0\bar{z}_0 + z_1\bar{z}_1 + \dots + z_n\bar{z}_n &= 2 \end{aligned}$$

SATZ. $W^{2n-1}(d)$ <u>trägt auf natürliche Weise die Struktur einer</u> (2n-1)-<u>dimensionalen differenzierbaren Untermannigfaltigkeit von</u> $\mathbb{C}^{n+1}$.

Beweis. Die durch die linke Seite der Gleichungen (1) definierte Abbildung $f : \mathbb{C}^{n+1} \longrightarrow \mathbb{R}^3$ hat bei Differentiation nach den $z_i$ und $\bar{z}_i$ die Funktionalmatrix (bezüglich der beiden Gleichungen (1) und der Konjugierten der ersten Gleichung von (1))

$$\begin{pmatrix} dz_0^{\,d-1} & 2z_1 & \dots & 2z_n & 0 & 0 & \dots & 0 \\ 0 & 0 & \dots & 0 & d\bar{z}_0^{\,d-1} & 2\bar{z}_1 & \dots & 2\bar{z}_n \\ \bar{z}_0 & \bar{z}_1 & \dots & \bar{z}_n & z_0 & z_1 & \dots & z_n \end{pmatrix}$$

Die Behauptung ist bewiesen, wenn gezeigt ist, dass diese Matrix für alle $z \in W^{2n-1}(d)$ den Rang 3 hat (vgl. z.B. MILNOR [46] 1.12). Dazu wird, wie noch häufiger im folgenden, ausgenutzt, dass ein Punkt $z = (z_0, z_1, \dots, z_n)$ nur dann zu $W^{2n-1}(d)$ gehören kann, wenn $(z_0, z_1, \dots, z_n) \neq (0, \dots 0)$. Hätte die Funktionalmatrix für ein $z \in W^{2n-1}(d)$ einen Rang, der kleiner ist als drei, dann gäbe es eine komplexe Zahl $\lambda \neq 0$, so dass

$$(1^*) \qquad \bar{z}_0 = \lambda d z_0^{\,d-1} \quad \text{und} \quad \bar{z}_j = 2\lambda z_j \quad \text{für } j = 1, 2, \dots, n .$$

Aus (1) und (1*) folgt

$$2z_0\bar{z}_0 + d\sum_{j=1}^{n} z_j\bar{z}_j = 0$$

$$z_0\bar{z}_0 - 2\lambda z_0^{\,d} = 2$$

Für $d \neq 0$ ergibt sich $z = 0$ und damit ein Widerspruch. Für $d = 0$ folgt $z_0 = 0$ und $\lambda = -1$ im Widerspruch zu (1*) .

5.2. Wir betrachten als Beispiel die Mannigfaltigkeit $W^{2n-1}(2)$ . Es wird $z = x + iy$ mit $x,y \in \mathbb{R}^{n+1}$ geschrieben. $\langle\ ,\ \rangle$ bezeichnet das übliche Skalarprodukt in $\mathbb{R}^{n+1}$ und $|\ \ |$ die durch $\langle\ ,\ \rangle$ definierte Norm. Damit erhalten die Gleichungen (1) in diesem Spezialfall die Form

$$\sum z_j^{\,2} = |x|^2 - |y|^2 + 2i\langle x,y\rangle = 0$$

$$\sum z_j\bar{z}_j = |x|^2 + |y|^2 = 2\ .$$

D.h. $|x| = |y| = 1$ und $\langle x,y\rangle = 0$ . $W^{2n-1}(2)$ ist also der Raum der orthonormierten 2-Beine des $\mathbb{R}^{n+1}$ , der als Stiefelsche Mannigfaltigkeit $V_{n+1,2}$ bezeichnet wird, und gleich dem tangentialen Einheitssphärenbündel von $S^n$ .

Über die Inklusion $O(n+1) \subset U(n+1)$ operiert $O(n+1)$ auf $\mathbb{C}^{n+1}$ . Für $A \in O(n+1)$ und $z = x + iy \in \mathbb{C}^{n+1}$ mit $x,y \in \mathbb{R}^{n+1}$ ist $Az = Ax + iAy$ und $(A,x) \longmapsto Ax$ ist das übliche Operieren von $O(n+1)$ auf $\mathbb{R}^{n+1}$ . Dieses Operieren führt $W^{2n-1}(2)$ in sich über und stimmt mit dem üblichen Operieren von $O(n+1)$ auf $V_{n+1,2}$ überein. Alle Punkte aus $W^{2n-1}(2)$ liegen im gleichen Orbit.

SATZ. $W^{2n-1}(2)$ lässt sich mit der Struktur einer speziellen $O(n+1)$-Mannigfaltigkeit über einem Punkt versehen. Der einzige Orbittyp ist $(O(n-1))$ und daher ist $W^{2n-1}(2)$ äquivariant diffeomorph zu $O(n+1)/O(n-1)$ .

5.3. Für alle $d \geq 0$ lässt sich $W^{2n-1}(d)$ folgendermassen zu einer $O(n)$-Mannigfaltigkeit machen: Für alle $A \in O(n)$ und $z = (z_0, z_1, \ldots, z_n) \in W^{2n-1}(d)$ sei

$$Az = (z_0, A(z_1, \ldots, z_n)) .$$

Zur Untersuchung des Orbitraumes werden $z_j = x_j + iy_j$ mit $x_j, y_j \in \mathbb{R}$ für $j = 1, \ldots, n$ und $x = (x_1, \ldots, x_n)$, $y = (y_1, \ldots, y_n)$ gesetzt. Dann erhält (1) in diesem Fall die Form

$$(2) \qquad \begin{aligned} z_0^{\,d} + |x|^2 - |y|^2 + 2i\langle x,y\rangle &= 0 \\ z_0\bar{z}_0 + |x|^2 + |y|^2 &= 2 \ . \end{aligned}$$

Zu zwei Paaren $(x,y)$ und $(x',y')$ von Vektoren des $\mathbb{R}^n$ gibt es genau dann ein $A \in O(n)$ mit $x' = Ax$ und $y' = Ay$, wenn $|x| = |x'|$, $|y| = |y'|$ und $\langle x,y\rangle = \langle x',y'\rangle$. Da man $|x|$, $|y|$, $\langle x,y\rangle$ vermöge (2) aus $z_0$ berechnen kann, liegen zwei Punkte $(z_0, z_1, \ldots, z_n)$ und $(z_0', z_1', \ldots, z_n')$ aus $W^{2n-1}(d)$ genau dann auf dem gleichen Orbit, wenn $z_0 = z_0'$.

Die Abbildung $W^{2n-1}(d) \longrightarrow \mathbb{C}$, die definiert ist durch $(z_0, z_1, \ldots, z_n) \mapsto z_0$, liefert eine eineindeutige Abbildung des Orbitraumes in $\mathbb{C}$. Es soll das Bild dieser Abbildung bestimmt werden. Subtraktion der Gleichungen

$$\begin{aligned} |z_0|^{2d} &= (|x|^2 - |y|^2)^2 + 4\langle x,y\rangle^2 \\ (2 - z_0\bar{z}_0)^2 &= (|x|^2 + |y|^2)^2 \end{aligned}$$

liefert

$$(3) \qquad |z_0|^{2d} = (2-z_0\bar{z}_0)^2 - 4(|x|^2\,|y|^2 - \langle x,y\rangle^2)$$

Mittels der Schwarzschen Ungleichung folgt daraus $|z_0|^{2d} \leq (2-z_0\bar{z}_0)^2$, und diese Ungleichung ist wegen der zweiten Gleichung von (2) äquivalent mit $|z_0|^d + |z_0|^2 - 2 \leq 0$ . Da die Funktion $x \longmapsto x^d + x^2 - 2$ auf $\mathbb{R}^+$ streng monoton wächst, ist $|z_0| \leq 1$ .

Ist umgekehrt $z_0 \in \mathbb{C}$ mit $|z_0| \leq 1$ , dann gibt es für $n \geq 2$ ein $z \in W^{2n-1}(d)$ , das unter der Orbitabbildung auf $z_0$ geht. Falls $|z_0| = 1$ , kann man $z = (z_0, iz_0^{d/2}, 0, \ldots, 0)$ wählen. Sei nun $|z_0| < 1$ . Wir setzen $z_0 = r \cdot e^{i\varphi}$ mit $0 \leq r < 1$ .

Aus den Gleichungen (2) berechnet man

$$|x|^2 = \tfrac{1}{2}(2 - r^2 - r^d \cos(d\varphi)) = a^2$$

$$|y|^2 = \tfrac{1}{2}(2 - r^2 + r^d \cos(d\varphi)) = b^2$$

$$\langle x,y\rangle = -\tfrac{1}{2} r^d \sin(d\varphi) = c$$

Dann ist $z = (z_0, c/b + ib, \sqrt{a^2 - c^2/b^2}, 0, 0, \ldots 0)$ aus $W^{2n-1}(d)$ , wo $a^2 - c^2/b^2 > 0$ .

SATZ. <u>Für</u> $n \geq 2$ <u>ist der Orbitraum der</u> $O(n)$-<u>Mannigfaltigkeit</u> $W^{2n-1}(d)$ <u>mit</u> $d \geq 0$ <u>der Einheitskreis</u> $D^2 = \{z \mid z \in \mathbb{C}, |z| \leq 1\}$.

5.4. Um die Isotropiegruppe von $z \in W^{2n-1}(d)$ zu bestimmen, wird wieder

$$(z_1, z_2, \ldots, z_n) = (x_1, \ldots, x_n) + i(y_1, \ldots, y_n) = x + iy$$

mit $x,y \in \mathbb{R}^n$ geschrieben. Sind $x$ und $y$ linear unabhängig, so ist die Isotropiegruppe konjugiert zu $O(n-2)$ (beachte, dass $x,y$ nicht beide verschwinden können). Das ist genau dann der Fall, wenn $|z_0| < 1$ . Wenn $x$ und $y$ linear abhängig sind, dann ist die Isotropiegruppe in $z$ konjugiert zu $O(n-1)$ . Das ist genau dann der Fall, wenn $|z_0| = 1$ ist.

SATZ. <u>Für</u> $n \geq 2$ <u>ist</u> $W^{2n-1}(d)$ <u>eine spezielle</u> $O(n)$-<u>Mannigfaltigkeit mit Orbittypen</u> $(O(n-1))$ <u>und</u> $(O(n-2))$ .

Beweis. Es ist zu zeigen, dass $W^{2n-1}(d)$ spezielle $O(n)$-Mannigfaltigkeit ist. Zu diesem Zwecke sei an die folgenden Grundtatsachen aus der Darstellungstheorie der kompakten Lieschen Gruppen erinnert (vgl. CHEVALLEY [18] Chap. VI).

(i) Jede Darstellung einer kompakten Lieschen Gruppe ist äquivalent zu einer vollständig reduziblen Darstellung ( [18] Chap. VI, § II, Theorem 1, Corollary).

(ii) Die Aufspaltung einer Darstellung in irreduzible Darstellungen ist bis auf Permutation und Isomorphismen der einzelnen Faktoren eindeutig ([18] Chap. VI, § II, Proposition 3).

(iii) $H$ sei abgeschlossene Untergruppe von $G$, und $\pi : G \longrightarrow G/H$ sei die natürliche Projektion. Das Operieren von $G$ auf $G/H$ durch Linkstranslation macht $G/H$ zu einer $G$-Mannigfaltigkeit (vgl. 1.5), und die Isotropiegruppe im Punkt $\pi(e)$ ist $H$. Die durch dieses Operieren induzierte Darstellung $i_H : H \longrightarrow \mathrm{Aut}((TG/H)_{\pi(e)})$ heisst lineare Isotropiedarstellung. $\mathfrak{g}$ und $\mathfrak{h}$ seien die Lie-Algebren von $G$ bzw. $H$, und $\mathrm{Ad} : G \longrightarrow \mathrm{Aut}(\mathfrak{g})$ sei die adjungierte Darstellung (s. [18] S.123, [22] S. 117). $\mathfrak{g}$ und $\mathfrak{h}$ werden mit den Tangentialräumen an $G$ bzw. $H$ in $e$ identifiziert. Wenn $(TG/H)_{\pi(e)}$ mit einem zu $\mathfrak{h}$ komplementären Unterraum $\mathfrak{m}$ von $\mathfrak{g}$ identifiziert wird, der unter $\mathrm{Ad}(H)$ invariant ist, dann gilt für alle $u \in H$

$$i_H(u) = \mathrm{Ad}(u)\,\mathfrak{m} .$$

Es sei nun $x \in W^{2n-1}(d)$ mit Isotropiegruppe $O(n-1)$. Auf $\mathbb{C}^{n+1} = \mathbb{R}^{2n+2}$ operiert $O(n-1)$ als direkte Summe aus 2mal Standarddarstellung plus 4mal triviale Darstellung, wo als triviale Darstellung die eindimensionale Darstellung bezeichnet wird, bei der die Gruppe als Identität operiert. Die Darstellung auf dem Normalraum an $W^{2n-1}(d)$ in $x$ ist trivial, und daher ist die Darstellung im Tangentialraum an $W^{2n-1}(d)$ in $x$ direkte Summe aus 2mal Standarddarstellung und trivialer

Darstellung. Auf dem Tangentialraum des Orbits $O(n)x$ in $x$, das ist der Tangentialraum von $O(n)/O(n-1)$ in $O(n-1)$, operiert $O(n-1)$ als Standarddarstellung, wie man sofort mit Hilfe von (iii) nachrechnet. Deshalb ist die Darstellung von $O(n-1)$ im Normalraum $V_x$ an den Orbit direkte Summe aus Standarddarstellung und trivialer Darstellung.

Hat $x$ Isotropiegruppe $O(n-2)$, so operiert $O(n-2)$ auf dem Tangentialraum in $x$ als 2mal Standard- + 3mal triviale Darstellung und auf dem Tangentialraum des Orbits als 2mal Standard- + 1mal triviale Darstellung. Daher operiert $O(n-2)$ auf $V_x$ trivial.

5.5. SATZ. $W^{2n-1}(d)$ <u>ist für</u> $d \geq 1$ <u>homotopieäquivalent zu</u>

$$X = \left\{z \in \mathbb{C}^{n+1} \mid z_0^{\,d} + z_1^{\,2} + \dots + z_n^{\,2} = 0\right\} - \{0\}.$$

Beweis. Die Funktion $f : X \longrightarrow \mathbb{R}$, die definiert ist durch $f(z) = |z_0|^2 + |z_1|^2 + \dots + |z_n|^2$ hat keinen kritischen Punkt. Wenn $f$ in $z$ einen kritischen Punkt hat, dann gibt es komplexe Zahlen $\lambda$ und $\mu$, so dass

$$\bar{z}_0 - \lambda\, d z_0^{\,d-1} = 0 \qquad\qquad z_0 - \mu\, d\bar{z}_0^{\,d-1} = 0$$

$$\bar{z}_j - 2\lambda z_j \quad = 0 \quad j > 0 \qquad\qquad z_j - \mu 2\bar{z}_j \quad = 0$$

(Extrema mit Nebenbedingungen!). Daraus folgt, dass $\mu = \bar{\lambda}$ und $\lambda \neq 0$. Wie in Abschnitt 5.1 folgt

$$2z_0\bar{z}_0 + d\sum_{j=1}^{n} z_j\bar{z}_j = 0\,, \qquad z_0\bar{z}_0 - 2\lambda z_0^{\,d} = f(z)$$

und damit ein Widerspruch, da $d \geq 1$.

Für jedes abgeschlossene Intervall $[b,c]$, $0 < b < c < \infty$ ist $f^{-1}([b,c])$ kompakt. Aus dem Beweis zu Theorem 3.1 in [42] folgt ohne

Schwierigkeit, dass $X - \{0\}$ homöomorph ist zu $f^{-1}(a) \times (\mathbb{R}^+ - \{0\})$ mit $a \in \mathbb{R}^+ - \{0\}$.

5.6. SATZ. $\pi_1(W^3(d)) = \mathbb{Z}_d$, <u>wenn</u> $d \geq 1$ <u>und</u> $\pi_1(W^3(0)) = \mathbb{Z}$.

Beweis. $d \geq 1$. Durch die Transformation $u = -(z_1 + iz_2)$, $v = z_1 - iz_2$ wird die Gleichung $z_0^d + z_1^2 + z_2^2 = 0$ übergeführt in $z_0^d = u \cdot v$. Nach 5.5 ist $W^3(d)$ homotopieäquivalent zu $X = \{(z_0, u, v) \in \mathbb{C}^3 \mid z_0^d = u \cdot v, (u,v) \neq 0\}$.
Die Abbildung $\pi : \mathbb{C}^2 - \{0\} \longrightarrow X$, die definiert ist durch $\pi(t_1,t_2) = (t_1t_2, t_1^d, t_2^d)$ ist surjektiv und $\pi(t_1,t_2) = \pi(t_1', t_2')$ genau dann, wenn $t_1' = \varepsilon t_1$ und $t_2' = \varepsilon^{-1}t_2$, wo $\varepsilon$ eine d-te Einheitswurzel ist. Die Gruppe der d-ten Einheitswurzeln operiert frei auf $\mathbb{C}^2 - \{0\}$, so dass $X = \mathbb{C}^2 - \{0\}/\mathbb{Z}_d$. Da $\mathbb{C}^2 - \{0\}$ universelle Überlagerung von $X$ ist, ist $\pi_1(X) = \mathbb{Z}_d$.

Für $d = 0$ folgt die Behauptung aus dem

LEMMA. $W^3(0)$ <u>ist diffeomorph zu</u> $S^2 \times S^1$.

Beweis. $W^3(0)$ besteht aus den Punkten $(z_0, z_1, z_2) \in \mathbb{C}^3$, die die Gleichungen

$$1 + z_1^2 + z_2^2 = 0$$

$$z_0\bar{z}_0 + z_1\bar{z}_1 + z_2\bar{z}_2 = 2$$

erfüllen. Schreibt man $(z_1,z_2) = x + iy$ mit $x,y \in \mathbb{R}^2$, so besteht $W^3(0)$ aus den Tripeln $(z_0,x,y)$ mit $z_0 \in \mathbb{C}$, $|z_0| \leq 1$ und $x, y \in \mathbb{R}^2$ mit

$$|x|^2 = (1-z_0\bar{z}_0)/2 \quad , \ |y|^2 = (3-z_0\bar{z}_0)/2 \quad , \quad \langle x,y\rangle = 0$$

Mit dieser Feststellung sieht man leicht, dass die Abbildung $S^2 \times S^1 \longrightarrow W^3(0)$, die definiert ist durch

$$(u_0,u_1,u_2e^{it}) \mapsto (u_1 + iu_2,\ (u_0/\sqrt{2})\cos t + i\sqrt{(2+u_0{}^2)/2}\,\sin t,$$

$$-(u_0/\sqrt{2})\sin t + i\sqrt{(2+u_0{}^2)/2}\,\cos t)$$

für alle $(u_0,u_1,u_2) \in \mathbb{R}^3$ mit $u_0{}^2 + u_1{}^2 + u_2{}^2 = 1$ und alle $t \in \mathbb{R}$, einen Diffeomorphismus von $S^2 \times S^1$ auf $W^3(0)$ liefert.

5.7. SATZ. $W^3(d)$ ist (äquivariant) diffeomorph zu $L(d)$. Insbesondere sind also $W^3(2)$ diffeomorph zu $SO(3)$ und $W^2(1)$ zu $S^3$. Die Invariante aus $\mathbb{Z}^+$ nach dem Klassifikationssatz ist für $W^3(d)$ gleich $d$.

Beweis. $W^3(d)$ ist spezielle $O(2)$-Mannigfaltigkeit über $D^2$ mit Orbitstruktur $[[1,\ O(1)]]$. Diese sind aber äquivariant diffeomorph zu den Linsenräumen $L(d)$ und werden durch ihre Fundamentalgruppe klassifiziert.

5.8. Die Fixpunktmenge von $W^{2n-1}(d)$ unter $O(k)$ mit $k < n$ ist $W^{2(n-k)-1}(d)$. Für $k = n - 2$ ergibt sich daraus mit 4.5:

SATZ. Eine spezielle $O(n)$-Mannigfaltigkeit über $D^2$ mit Orbitstruktur $[O(n-2),\ O(n-1)]$ und der Invarianten $d \in \mathbb{Z}^+$ nach dem Klassifikationssatz ist (äquivariant) diffeomorph zu $W^{2n-1}(d)$.

Wir erwähnen die folgenden Spezialfälle: $W^{2n-1}(0)$ ist äquivariant diffeomorph mit $S^n \times S^{n-1}$, $W^{2n-1}(1)$ ist äquivariant diffeomorph mit $S^{2n-1}$. In 5.2 wurde gezeigt, dass $W^{2n-1}(2)$ die Stiefelsche Mannigfaltigkeit $V_{n+1,2}$ ist.

## § 6 Die Vielfachen des Tangentialbündels von $S^n$

6.1. Es sei $S^n = \{x \in \mathbb{R}^{n+1} \mid \sum x_i^2 = 1\}$ die n-dimensionale Standardsphäre und $S^{n-1}$ als Äquator in $S^n$ eingebettet, so dass $S^{n-1} = \{x \in S^n \mid x_{n+1} = 0\}$. In $S^{n-1}$ wird $e_n = (0,0,\ldots 0,1,0)$ als Basispunkt ausgezeichnet. Nach STEENROD [69] § 18 werden die Isomorphieklassen von Faserbündeln über $S^n$ mit Strukturgruppe $G$ und Faser $F$, auf der $G$ effektiv operiert, klassifiziert durch die Äquivalenzklassen von Elementen aus $\pi_{n-1}(G)$ unter dem Operieren von $\pi_0(G)$.

Zu einer stetigen Abbildung $T : (S^{n-1}, e_n) \longrightarrow (G,e)$, der charakteristischen Abbildung des Bündels, wird ein Faserbündel mit Strukturgruppe $G$ auf folgende Weise konstruiert ([69] § 18.2): $V_1$ und $V_2$ seien offene n-Zellen in $S^n$, deren Ränder parallel zu $S^{n-1}$ sind, $V_1$ enthalte die obere Hemisphäre $(x_{n+1} \geq 0)$, und $V_2$ enthalte die untere Hemisphäre $(x_{n+1} \leq 0)$. Dann ist $S^{n-1} \subset V_1 \cap V_2$. Die Retraktion $r : V_1 \cap V_2 \longrightarrow S^{n-1}$ ordnet jedem $x \in V_1 \cap V_2$ den Schnittpunkt des Grosskreises durch $x$ und die Pole $e_{n+1} = (0,0,\ldots 0,1)$ und $-e_{n+1}$ mit $S^{n-1}$ zu. Es werden Abbildungen $g_{ij} : V_i \cap V_j \longrightarrow G$ definiert durch $g_{11} = e$, $g_{22} = e$ und $g_{12}(x) = g_{21}(x)^{-1} = T \circ r\,(x)$ für alle $x \in V_1 \cap V_2$. Diese Abbildungen sind die **Koordinatentransformationen** für das gesuchte Bündel. Es sei $F$ ein topologischer Raum, auf dem $G$ effektiv operiert. Ein Faserbündel über $S^n$ mit Strukturgruppe $G$ und Faser $F$ erhält man, indem man in der disjunkten Vereinigung von $V_1 \times F$ mit $V_2 \times F$ die Elemente $(x,y) \in V_1 \times F$ und $(x',y') \in V_2 \times F$ identifiziert, wenn

$$x' = x \qquad \text{und} \qquad y' = g_{21}(x)\,y$$

(vgl. [69] § 3.2 oder [24] § 3.2.a).

6.2. Es soll nun eine charakteristische Abbildung $T_n$ für das Tangentialbündel von $S^n$ angegeben werden. Das Tangentialbündel $TS^n$ von $S^n$ ist ein Faserbündel mit Strukturgruppe $SO(n)$ und Faser $\mathbb{R}^n$. Die

Die Abbildung $\alpha : S^{n-1} \longrightarrow O(n)$ soll jedem $x \in S^{n-1}$ die Spiegelung an dem zu $x$ orthogonalen Teilraum von $\mathbb{R}^n$ zuordnen. $T_n : S^{n-1} \longrightarrow SO(n)$ wird definiert durch $T_n(x) = \alpha(x)\ \alpha(e_n)$. Dann ist $T_n(e_n) = e$ und als Matrix geschrieben hat $T_n(x)$ die Form

$$(\delta_{ij} - 2x_ix_j)_{\substack{i=1,\dots n\\ j=1,\dots n}} \qquad \begin{pmatrix} E_{n-1} & 0 \\ 0 & -1 \end{pmatrix} \qquad \text{für alle } x \in S^{n-1}$$

wo $E_{n-1}$ die Einheitsmatrix mit $(n-1)$ Zeilen und Spalten bezeichnet. Das ist gerade die in STEENROD [69] § 23 angegebene und dort mit $T_{n+1}$ bezeichnete charakteristische Abbildung für das Faserbündel $SO(n+1) \rightarrow S^n$ der zu $S^n$ tangentialen orientierten orthonormierten n-Beine, d.h. für das zu $TS^n$ assoziierte Prinzipalbündel mit Strukturgruppe $SO(n)$. Deshalb ist $T_n$ die charakteristische Abbildung des Tangentialbündels.

Bemerkung. Lässt man für $TS^n$ die Gruppe $O(n)$ als Strukturgruppe zu, so ist $TS^n$ äquivalent zu dem Bündel, das man erhält, wenn man in der Konstruktion von 6.1 die Abbildung $T_n$ durch $\alpha$ ersetzt.

DEFINITION. Für alle $k \in \mathbb{Z}$ sei $T_n^{\ k} : (S^{n-1}, e_n) \longrightarrow (SO(n), e)$ definiert durch $T_n^{\ k}(x) = T_n(x)^k$. Das Faserbündel über $S^n$ mit Strukturgruppe $SO(n)$ und Faser $\mathbb{R}^n$, das zu der charakteristischen Abbildung $T_n^{\ k}$ gehört, heisst das <u>k-fache des Tangentialbündels von</u> $S^n$ und wird mit ${}_kTS^n$ bezeichnet. Für die Klasse von $T_n$ in $\pi_{n-1}(SO(n))$ wird $\tau_n$ geschrieben. $T_n^{\ k}$ repräsentiert die Klasse $k\,\tau_n \in \pi_{n-1}(SO(n))$.

6.3. Wir betrachten zu der Faserung $SO(n) \xrightarrow{\ i\ } SO(n+1) \xrightarrow{\ p\ } S^n$ die exakte Homotopiesequenz.

$$\dots \rightarrow \pi_n(SO(n+1)) \xrightarrow{p_*^{(n)}} \pi_n(S^n) \xrightarrow{\partial_*} \pi_{n-1}(SO(n)) \xrightarrow{i_*^{(n)}} \pi_{n-1}(SO(n+1)) \rightarrow \dots$$

Auf $S^n$ wird eine Orientierung ausgezeichnet, $u^n$ sei das zugehörige erzeugende Element von $H^n(S^n,\mathbb{Z})$ und $\iota_n$ sei das kanonische erzeugende Element von $\pi_n(S^n)$. Mit $\xi$ wird gleichzeitig ein Element aus $\pi_n(SO(n+1))$ und die zugehörige Äquivalenzklasse von $SO(n+1)$-Bündeln über $S^{n+1}$ bezeichnet. Mit diesen Vereinbarungen gilt der folgende

SATZ. $p_*^{(n)} = 0$ für $n+1$ ungerade. Ist $n+1$ gerade, dann ist $p_*^{(n)}(\xi) = -e(\xi)\,\iota_n$, wo $e(\xi)$ die EULERsche Zahl von $\xi$ ist, d.h. $e(\xi)\mu^{n+1}$ ist die EULERklasse des zu $\xi$ assoziierten orientierten Vektorraumbündels mit Faser $\mathbb{R}^{n+1}$ über $S^{n+1}$. Speziell für das Tangentialbündel $\tau_n$ der Sphäre $S^n$ gilt: $\partial_*(\iota_n) = \tau_n$ für alle $n$, und $p_*^{(n)}(\tau_{n+1}) = -2\,\iota_n$ für $n+1$ gerade $(e(\tau_{n+1}) = 2)$.

Zum Beweis siehe STEENROD [69] §§ 18 und 23.4 und für die Behauptung über die EULERsche Zahl MILNOR [50] Beweis zu Theorem 2.

Ein orientiertes Vektorraumbündel über $S^n$ mit Faser $\mathbb{R}^n$ ist genau dann stabil trivial, wenn seine Whitney-Summe mit dem trivialen Geradenbündel trivial ist. Der Kern von $i_*^{(n)}$ ist deshalb die Gruppe der Isomorphieklassen von stabil trivialen Vektorraumbündeln über $S^n$ mit Faser $\mathbb{R}^n$ und Strukturgruppe $SO(n)$. Der obige Satz und die Exaktheit der Homotopiesequenz ergeben exakte Sequenzen

$$0 \longrightarrow \pi_n(S^n) \xrightarrow{\partial_*} \text{Kern } i_*^{(n)} \longrightarrow 0 \qquad \text{für n gerade}$$

$$0 \longrightarrow p_*^{(n)}\pi_n(SO(n+1)) \longrightarrow \pi_n(S^n) \xrightarrow{\partial_*} \text{Kern } i_*^{(n)} \longrightarrow 0 \quad \text{für n ungerade.}$$

Für n gerade folgt, dass Kern $i_*^{(n)}$ unendlich zyklisch ist mit $\tau_n$ als erzeugendem Element. Für n ungerade ist Kern $i_*^{(n)} = 0$ oder zyklisch von der Ordnung 2, je nachdem ob $\tau_n = 0$ oder $\tau_n \neq 0$ ist. Der erste Fall tritt genau dann ein, wenn $S^n$ parallelisierbar ist, was wiederum genau dann der Fall ist, wenn es über $S^{n+1}$ (n+1 gerade) ein orientiertes Vektorraumbündel mit Faser $\mathbb{R}^{n+1}$ gibt, dessen EULERsche Zahl gleich 1

ist. Wie MILNOR gezeigt hat, gibt es ein solches Bündel nur für $n+1 = 2, 4$ oder 8. MILNOR hat auf diesem Wege bewiesen, dass nur $S^1$, $S^3$ und $S^7$ parallelisierbar sind (vgl. auch ADAMS [1] , ATIYAH-HIRZEBRUCH [8] , BOTT-MILNOR [12] , KERVAIRE [35] ).
Wir fassen zusammen:

SATZ. Die Gruppe der Isomorphieklassen von stabil trivialen Vektorraumbündeln über $S^n$ mit Faser $\mathbb{R}^n$ und Strukturgruppe $SO(n)$ ist unendlich zyklisch mit erzeugendem Element $\tau_n$ für gerades $n$ ($n \geq 2$) und hat Ordnung zwei und erzeugendes Element $\tau_n$ für ungerades $n$ und $n \notin \{1,3,7\}$ . Für $n \in \{1,3,7\}$ besteht die Gruppe nur aus dem Nullelement.

6.4. SATZ. $O(n-1)$ operiert auf ${}_kTS^n$ .

Beweis. $O(n+1)$ operiert auf $S^n$ und $O(n)$ sei in $O(n+1)$ eingebettet so, dass $e_{n+1}$ Fixpunkt ist. Die in 6.1 angegebenen Zellen $V_1$, $V_2$ sind G-invariant und die Retraktion $r : V_1 \cap V_2 \longrightarrow S^{n-1}$ ist äquivariant. Auf den trivialen $\mathbb{R}^n$-Bündeln $V_1 \times \mathbb{R}^n$ und $V_2 \times \mathbb{R}^n$ operiert $O(n)$ durch $A(x,v) = (Ax,Av)$ für alle $A \in O(n)$ und $(x,v) \in V_1 \times \mathbb{R}^n$ und $(x,v) \in V_2 \times \mathbb{R}^n$. In ${}_kTS^n$ wird $(x,v) \in V_1 \cap V_2 \times \mathbb{R}^n$ mit $(x,(\alpha(r(x))\,\alpha(e_n))^k v)$ identifiziert und $(Ax,Av)$ mit $(Ax, \alpha(r(Ax))\,\alpha(e_n))^k Av)$ . Die Bedingung dafür, dass diese Identifikation mit dem Operieren von $O(n)$ verträglich ist, lautet:

$$A(\alpha(x)\,\alpha(e_n))^k v = (\alpha(Ax)\,\alpha(e_n))^k Av$$

für alle $x \in S^{n-1}$ und alle $v \in \mathbb{R}^n$ , d.h.

$$A(\alpha(x)\,\alpha(e_n))^k A^{-1} = (\alpha(Ax)\,\alpha(e_n))^k \quad \text{für alle } x \in S^n .$$

Für die Spiegelung $\alpha(x)$ gilt $\alpha(Ax) = A\,\alpha(x)\,A^{-1}$ . Ist $A \in O(n-1)$, wo $O(n-1)$ als Isotropiegruppe von $e_n$ in $O(n)$ eingebettet ist, so sind die beiden Gleichungen erfüllt. Das Operieren von $O(n-1)$ ist mit dem Identifizieren verträglich.

Bemerkung. Auf ${}_0TS^n = S^n \times \mathbb{R}^n$ operiert $O(n)$ durch $A(x,y) = (Ax,Ay)$, $A \in O(n)$, $x \in S^n$, $y \in \mathbb{R}^n$. Lässt man für $TS^n$ die Gruppe $O(n)$ als Strukturgruppe zu, so ist $TS^n$ nach der Bemerkung in 6.1 isomorph zu dem Bündel über $S^n$ mit Faser $\mathbb{R}^n$ und Strukturgruppe $O(n)$, das mit Hilfe der Abbildung $\alpha$ (s. 6.1) konstruiert wird. Der Beweis des vorhergehenden Satzes zeigt, dass auch $O(n)$ auf diesem Bündel operiert.

Andererseits ist von vornherein bekannt, dass $O(n)$ auf $TS^n$ operiert. Deshalb gibt es eine Abbildung $T : S^{n-1} \longrightarrow O(n)$, so dass für alle $x \in S^{n-1}$ und $A \in O(n)$ gilt

$$T(Ax) = AT(x)A^{-1} .$$

Da $O(n)$ auf $S^{n-1}$ transitiv operiert, genügt es, $T$ in einem Punkt zu kennen, etwa in $e_n$. Für alle $A \in O(n-1)$ ist

$$T(e_n) = AT(e_n)A^{-1} ,$$

d.h.
$$T(e_n) = \begin{pmatrix} \pm E_{n-1} & 0 \\ 0 & \pm 1 \end{pmatrix} .$$

Ist $n \notin \{1,3,7\}$, so bleiben nur die beiden Fälle $T(e_n) = \pm\begin{pmatrix} E_{n-1} & 0 \\ 0 & -1 \end{pmatrix}$, d.h. $T(x) = \pm\,\alpha(x)$. Beide Abbildungen $\pm\alpha$ liefern äquivalente Bündel. Daraus folgt auch sofort, dass $T_n$ charakteristische Abbildung für $TS^n$ ist.

## § 7 Äquivariantes Verkleben

7.1. In diesem Paragraphen werden $O(n)$-Mannigfaltigkeiten und $O(n-1)$-Mannigfaltigkeiten der Dimension $2n-1$ durch äquivariantes Verkleben von Vielfachen des Einheitstangentialbündels der Sphäre $S^n$ konstruiert.

Auf $S^n$ wird eine feste Orientierung gewählt, die wir im folgenden die Standardorientierung von $S^n$ nennen. Wenn $O(n-1)$ operiert, dann bezeichne ${}_kTS^n$ das spezielle Faserbündel über $S^n$ mit Strukturgruppe $SO(n)$ und Faser $\mathbb{R}^n$, das nach dem in 6.1 beschriebenen Verfahren mit Hilfe der charakteristischen Abbildung $T_n^k$ (vgl. 6.2) konstruiert wird und nicht die zu $k\tau_n$ gehörige Äquivalenzklasse von Bündeln. Durch die Standardorientierung des $\mathbb{R}^n$ ist in den Bündeln ${}_kTS^n$ nach Konstruktion eine Orientierung ausgezeichnet.

Wenn $O(n)$ operiert, dann bezeichne ${}_1TS^n$ das in der Bemerkung in 6.1 angegebene Faserbündel über $S^n$ mit Faser $\mathbb{R}^n$ und Strukturgruppe $O(n)$, das mit Hilfe der Abbildung $\alpha$ (vgl. 6.1) konstruiert wird. Eine Orientierung in diesem Vektorraumbündel wird folgendermassen definiert: In $V_1 \times \mathbb{R}^n$ trägt $\mathbb{R}^n$ die Standardorientierung und in $V_2 \times \mathbb{R}^n$ trägt $\mathbb{R}^n$ die zu der Standardorientierung entgegengesetzte Orientierung. In ${}_0TS^n = S^n \times \mathbb{R}^n$ trage $\mathbb{R}^n$ die Standardorientierung

In ${}_kTS^n$ sei eine invariante Riemannsche Metrik gegeben. Dann bezeichne ${}_kDS^n$ das Vollkugelbündel über $S^n$, das aus den Elementen von ${}_kTS^n$ der Länge $\leq 1$ besteht, und ${}_kSS^n$ das Einssphärenbündel in ${}_kTS^n$, bestehend aus den Elementen von ${}_kTS^n$ der Länge 1 .

DEFINITION. Ein <u>Baum</u> $T$ ist ein endlicher wegweise zusammenhängender eindimensionaler simplizialer Komplex ohne Zykeln. Eine <u>Bewertung</u> $\lambda$ von $T$ bezüglich einer Menge $\Lambda$ ist eine Abbildung, die jeder Ecke in $T$ ein Element aus $\Lambda$ zuordnet.

Beispiele für Bäume:

$E_i$  (i Ecken)

$A_i$   (i Ecken)

7.2. Es seien $E_1 = {}_kDS^n$ und $E_2 = {}_lDS^n$, auf denen die gleiche Gruppe $G = O(n)$ oder $G = O(n-1)$ operiert. Alle Daten in $E_1$ und $E_2$ werden durch untere Indizes 1 und 2 unterschieden.
$f_i : D_i^n \longrightarrow S_i^n$ $(i = 1,2)$ seien orientierungstreue äquivariante Einbettungen von $D^n$ in die Basisräume. $G$ operiert auf $D^n$ durch die Standarddarstellung in $\mathbb{R}^n$. Dann ist $f_i(0)$ aus der Fixpunktmenge von $S_i^n$ unter $G$. Man wähle eine äquivariante Trivialisierung von $f_i{}^*E_i$ über $D_i^n$ derart, dass eine äquivariante Bündelkarte $\Phi_i : D_i^n \times D_i^n \longrightarrow E_i$ induziert wird für $i = 1,2$, die in jeder Faser eine orientierungstreue Abbildung induziert. Dabei soll $G$ auf $D^n \times D^n$ operieren durch $A(x,y) = (Ax,Ay)$ für alle $(x,y) \in D^n \times D^n$ und $A \in G$. In der disjunkten Vereinigung von $E_1$ und $E_2$ werden für jedes Paar $(x,y) \in D^n \times D^n$ die Punkte $\Phi_1(x,y)$ und $\Phi_2(y,x)$ identifiziert. Die entstehende Mannigfaltigkeit mit Rand $V$ hat in natürlicher Weise eine differenzierbare Struktur ausserhalb von $\Phi_1(S^{n-1} \times S^{n-1})$. Durch Glätten der Ecken nach MILNOR [48] (s. ARLT [4]) wird eine differenzierbare Struktur auf $V$ eingeführt, die ausserhalb der Ecken mit der gegebenen Struktur übereinstimmt.

Dazu werden die Trivialisierungen $\Phi_i$ zu äquivarianten Trivialisierungen über $2D_i^n$ ausgedehnt. Mit $rD^n$ wird für jede nicht-negative reelle Zahl $r$ die Menge $\{x \in \mathbb{R}^n \mid |x| \leq r\}$ bezeichnet. Dann genügt es, die Identifizierungen auf den folgenden Mengen zu betrachten:

$$(\tfrac{3}{2}\mathring{D}_1^n - \tfrac{1}{2}D_1^n) \times (D_1^n - \tfrac{1}{2}D_1^n) \cup (\tfrac{3}{2}\mathring{D}_2^n - \tfrac{1}{2}D_2^n) \times (D_2^n - \tfrac{1}{2}D_2^n)$$

$$= (S_1^{n-1} \times S_1^{n-1} \times (\tfrac{1}{2}, \tfrac{3}{2}) \times (\tfrac{1}{2}, 1]) \cup (S_2^{n-1} \times S_2^{n-1} \times (\tfrac{1}{2}, \tfrac{3}{2}) \times (\tfrac{1}{2}, 1]) .$$

Daraus sieht man, dass es genügt, die durch Identifikation aus der punktfremden Vereinigung von

$$(\tfrac{1}{2}, \tfrac{3}{2}) \times (\tfrac{1}{2}, 1] \quad \text{und} \quad (\tfrac{1}{2}, \tfrac{3}{2}) \times (\tfrac{1}{2}, 1]$$

erhaltene Menge $K$ mit einer differenzierbaren Struktur zu versehen.

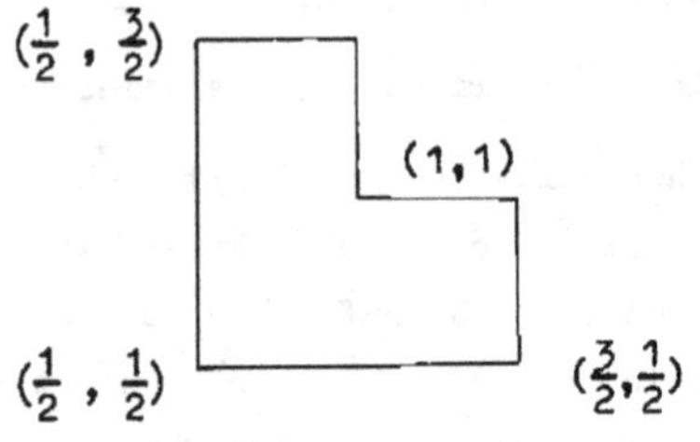


$K$ wird in Polarkoordinaten mit Mittelpunkt $(1,1)$ dargestellt, und eine eineindeutige Abbildung $f : K \longrightarrow (\tfrac{1}{2}, \tfrac{3}{2}) \times (\tfrac{1}{2}, 1]$ wird definiert durch

$$f(r \cos \Theta , r \sin \Theta ) = (r \cos\tfrac{2}{3}(\Theta + \pi), r \sin \tfrac{2}{3}(\Theta + \pi))$$

Diese "Streckung des Winkels" definiert eine differenzierbare Struktur auf $V$, die ausserhalb von $\Phi_1(S_1^{n-1} \times S_1^{n-1})$ mit der gegebenen differenzierbaren Struktur übereinstimmt.

Nach Konstruktion ist es klar, dass das Verkleben mit dem Operieren von $G$ verträglich ist. Da $G$ orthogonal auf $D^n$ operiert, folgt aus der Definition der Streckung des Winkels, dass $G$ auf $V$ differenzierbar operiert.

7.3. Es sei $T$ ein Baum mit Bewertung $\lambda$ bezüglich des Ringes $2\mathbb{Z}$ und $n$ eine natürliche Zahl $\geq 1$. Der bewertete Baum liefert die folgende Konstruktionsvorschrift: Jeder Ecke $a$ aus $T$ wird ein Exemplar des orientierten Kugelbündels ${}_kDS^n$ zugeordnet, wo $k = \lambda(a)/2$. Auf allen diesen Bausteinen soll die gleiche Gruppe $G$ operieren. Sind zwei Ecken $a$ und $b$ durch eine Strecke miteinander verbunden, so werden die zugehörigen ${}_kDS^n$ und ${}_lDS^n$ $(k = \lambda(a)/2,\ l = \lambda(b)/2)$ nach dem oben beschriebenen Verfahren verklebt. Münden in eine Ecke mehrere Strecken ein, so sind die zu den Verklebungen benötigten äquivarianten Einbettungen $D^n \longrightarrow S^n$ so zu wählen, dass die Bilder aller dieser Einbettungen punktfremd sind. Die verschiedenen Verklebungen können dann unabhängig voneinander durchgeführt werden. Mit den Sätzen in [ 47 ] zeigt man, dass die so erhaltene Mannigfaltigkeit mit Rand bis auf Diffeomorphie allein durch den bewerteten Baum bestimmt ist. Sie wird mit $\mathfrak{M}^{2n}(T)$ und der Rand mit $M^{2n-1}(T)$ bezeichnet.

$M^{2n-1}(T)$ ist nach Konstruktion eine $G$-Mannigfaltigkeit. Zwei Exemplare $M^{2n-1}(T)$, die man durch Verkleben aus dem bewerteten Baum $T$ erhält, sind zwar diffeomorph, aber möglicherweise nicht notwendig äquivariant diffeomorph als $G$-Mannigfaltigkeiten.

Da das Zentrum der Verklebung in $S^n$ immer ein Fixpunkt sein muss, erhält man $O(n)$-Mannigfaltigkeiten $M^{2n-1}(T)$ nur, wenn $T$ einer der Bäume $A_i$ ist und die Bewertung nur die Werte $0$ und $2$ annimmt. Münden in einen Eckpunkt mehr als zwei Strecken ein, dann muss die Gruppe auf $S^n$ mehr als zwei Fixpunkte haben, kann also nicht $O(n)$ sein. Ist $T$ einer der Bäume $A_i$ mit einer Bewertung bezüglich $\{0,2\}$, dann ist $M^{2n-1}(T)$ bis auf äquivariante Diffeomorphie durch den bewerteten Baum eindeutig bestimmt, wie in 11.1 gezeigt wird.

7.4. Es soll kurz angedeutet werden, wie man vorgehen kann, um jedem bezüglich $2\mathbb{Z}$ bewerteten Baum $T$ eine bis auf äquivariante Diffeomorphie eindeutig bestimmte $O(n-1)$-Mannigfaltigkeit $M^{2n-1}(T)$ zuzuordnen.

Es sei $E = {}_1D(S^n)$ . Eine Standard-Bündelkarte $\Phi : D^n \times D^n \longrightarrow \pi^{-1}(H^+)$ über der oberen Halbsphäre $H^+ = \{ x \mid x \in S^n , x_{n+1} \geq 0 \}$ wird gegeben durch

$$\Phi(x_1, \dots, x_n ; y_2, \dots, y_n) = (x_1, \dots, x_n, \sqrt{1 - \Sigma x_i^2}, y_1, \dots, y_n)$$

Alle in der Basis induzierten Abbildungen werden mit dem unteren Index $B$ gekennzeichnet. Die zu $\Phi$ gehörige Einbettung $\Phi_B : D^n \rightarrow S^n$ heisse Standard-Einbettung.

Ist $X$ eine G-Mannigfaltigkeit, so ist auch $X \times \mathbb{R}$ eine G-Mannigfaltigkeit mit der Operation $g(x,t) = (gx,t)$ für alle $x \in X$, $t \in \mathbb{R}$ und $g \in G$. Daher ist es klar, wie man G-Diffeotopie und starke G-Diffeotopie definiert und wie man die Sätze in [45] zu modifizieren hat, um sie auf den äquivarianten Fall zu übertragen.

Eine äquivariante Bündelkarte $\psi : D^n \times D^n \longrightarrow E$ soll ausgezeichnete Bündelkarte heissen, wenn gilt:

1.) $\psi_B : D^n \longrightarrow S^n$ ist G-diffeotop zur Standard-Einbettung $\Phi_B$. Dann gibt es eine starke G-Diffeotopie zwischen $\Phi_B$ und $\psi_B$, die ausserhalb eines Kompaktums die Identität ist.

2.) Die starke G-Diffeotopie zwischen $\psi_B$ und $\Phi_B$ induziert eine mit dem Operieren von $G$ verträgliche Bündelabbildung $F : E \longrightarrow E$ mit $F_B \circ \psi_B = \Phi_B$. Dann ist $\Phi^{-1} \circ F \circ \psi : D^n \times D^n \longrightarrow D^n \times D^n$ eine mit dem Operieren von $G$ verträgliche Abbildung, und es gibt eine Abbildung $h : D^n \longrightarrow SO(n)$, so dass

$$\Phi^{-1} \circ F \circ \psi(x,y) = (x, h(x)y)$$

für alle $(x,y) \in D^n \times D^n$. Für eine ausgezeichnete Bündelkarte wird gefordert, dass $h(0)$ die Identität ist.

Es sei nun $T$ ein bezüglich $2\mathbb{Z}$ bewerteter Baum. In jedem Eckpunkt wird eine Numerierung der einmündenden Strecken durchgeführt. Diese

Numerierung gibt die Reihenfolge der Verklebungen auf dem orientierten Grosskreis durch $e_n$ und $e_{n+1}$ an, der als Fixpunktmenge unter dem Operieren von $O(n-1)$ auf $S^n$ auftritt.

Werden alle Verklebungen mit ausgezeichneten Bündelkarten durchgeführt, dann ist jedem bezüglich $2\mathbb{Z}$ bewerteten Baum mit vorgegebener Numerierung der einmündenden Strecken in allen Eckpunkten durch das angegebene Konstruktionsverfahren bis auf äquivariante Diffeomorphie genau eine $O(n-1)$-Mannigfaltigkeit zugeordnet.

7.5. Wir werden uns im folgenden nur mit den Mannigfaltigkeiten $M^{2n-1}(T)$ beschäftigen, auf denen die Gruppe $O(n)$ operiert, wollen jedoch an dieser Stelle noch eine Bemerkung machen über die zu einem bewerteten Baum $T$ mit den angeführten zusätzlichen Angaben gehörige $O(n-1)$-Mannigfaltigkeit $M^{2n-1}(T)$. Die Isotropiegruppen der Punkte dieser Mannigfaltigkeit $M^{2n-1}(T)$ gehören zu den Orbittypen $(O(n-1))$, $(O(n-2))$ und $(O(n-3))$. Die Punkte mit Isotropiegruppe $O(n-1)$ sind die Fixpunkte der Operation von $O(n-1)$ und bilden eine eindimensionale kompakte Untermannigfaltigkeit $F$. Die Mannigfaltigkeit $M^{2n-1}(T) - F$ ist eine spezielle $O(n-1)$-Mannigfaltigkeit. Die auftretenden Orbits sind STIEFEL-Mannigfaltigkeiten $O(n-1)/O(n-3)$ (der Dimension $2n-5$), Sphären $O(n-1)/O(n-2)$ (der Dimension $n-2$) und Punkte. Die induzierte Darstellung der Isotropiegruppe im Normalraum an die Orbits ist für $O(n-3)$ viermal die triviale Darstellung, für $O(n-2)$ die Standard-Darstellung plus dreimal triviale Darstellung und für $O(n-1)$ die Summe aus zweimal Standard-Darstellung und der trivialen Darstellung. Der Orbitraum ist eine vierdimensionale Mannigfaltigkeit mit Rand. Eine $(2n-1)$-dimensionale kompakte Mannigfaltigkeit mit den genannten Eigenschaften mit zusammenhängender Fixpunktmenge $F$, deren Orbitraum die vierdimensionale Vollkugel $D^4$ ist, heisst eine Knotenmannigfaltigkeit (vgl. [33]). Das Bild von $F$ im Orbitraum ist dann ein Knoten in $S^3$.

$K$ sei die Menge der Isomorphismusklassen von differenzierbaren Knoten in $S^3$, d.h. die Isomorphismusklassen von Paaren $(S^3,F)$ unter Diffeomorphismen von $S^3$, wo $F$ eine kompakte zusammenhängende eindimensionale Untermannigfaltigkeit von $S^3$ ist. Mit $\Phi_{2n-1}$ wird die Menge der Isomorphismusklassen von $(2n-1)$-dimensionalen Knotenmannigfaltigkeiten unter äquivarianten Diffeomorphismen bezeichnet.

SATZ. (JÄNICH [33] ) Für $n \geq 3$ besteht eine eineindeutige Zuordnung

$$\kappa_n : K \longrightarrow \Phi_{2n-1} .$$

$\kappa_n^{-1}$ ordnet jeder $(2n-1)$-dimensionalen Knotenmannigfaltigkeit in der oben angegebenen Weise einen Knoten zu.

Man vergleiche zu diesem Satz auch die Arbeit von W.-C. HSIANG und W.-Y. HSIANG [29]. Für Einzelheiten über die in diesem Paragraphen konstruierten Knotenmannigfaltigkeiten sei auf eine in Vorbereitung befindliche Arbeit von F. HIRZEBRUCH und K. JÄNICH verwiesen. Weitere Ergebnisse über Knotenmannigfaltigkeiten findet man in dem Vortrag [27] von F. HIRZEBRUCH und in der demnächst erscheinenden Dissertation von D. ERLE: Die quadratische Form eines Knotens und ein Satz über Knotenmannigfaltigkeiten, Bonn 1967.

## § 8 Die Homologie von Baummannigfaltigkeiten

Alle in § 8 auftretenden Homologie- und Kohomologiegruppen haben ganzzahlige Koeffizienten.

8.1. SATZ. Es sei $M$ eine kompakte orientierte Mannigfaltigkeit mit Rand der Dimension $2n$ und $M$ habe den Homotopietyp von $S^n \vee S^n \vee \ldots \vee S^n$, der Vereinigung von a Exemplaren $S^n$ mit einem gemeinsamen Punkt. Dann ist $H_i(\partial M) = 0$ für $i \neq 0, n-1, n, 2n-1$.

Beweis. In der exakten Homologiesequenz
$\ldots \longrightarrow H_i(M) \longrightarrow H_i(M, \partial M) \longrightarrow H_{i-1}(\partial M) \longrightarrow H_{i-1}(M) \longrightarrow \ldots$
ist nach dem POINCARE-LEFSCHETZschen Dualitätssatz ( [68] S. 298) $H_i(M, \partial M) \cong H^{2n-i}(M)$, und aus der KÜNNETH-Formel folgt, dass $H^{2n-i}(M) \cong \mathrm{Hom}(H_{2n-i}(M), \mathbb{Z})$. Diese letzte Gruppe verschwindet für $i \neq n$ und $i \neq 2n$. Die Behauptung folgt aus der exakten Sequenz.

Bemerkung. Man kann unter den Voraussetzungen des Satzes nicht allgemein beweisen, dass $\pi_1(\partial M) = 0$. Z.B. gibt es zu jedem $n \geq 4$ eine $n$-dimensionale kompakte kombinatorische Mannigfaltigkeit mit Rand, die zusammenziehbar ist und deren Rand nicht-verschwindende Fundamentalgruppe besitzt (vgl. CURTIS [19], MAZUR [43], POENARU [60]).

Der Beweis des vorhergehenden Satzes liefert für $n \geq 2$ die kurze exakte Sequenz

$$(1) \quad 0 \longrightarrow H_n(\partial M) \longrightarrow H_n(M) \xrightarrow{\sigma} H^n(M) \longrightarrow H_{n-1}(\partial M) \longrightarrow 0 ,$$

wo $H^n(M) \cong \mathrm{Hom}(H_n(M), \mathbb{Z}) = \mathbb{Z} \oplus \mathbb{Z} \oplus \ldots \oplus \mathbb{Z}$.

Die Abbildung $\sigma$ ist definiert durch $\sigma = P \circ i_*$, wo $i_*$ durch die Inklusion $i : M \subset (M, \partial M)$ induziert ist und $P$ den POINCARE-LEFSCHETZ-Isomorphismus bezeichnet. Zu $\sigma$ gehört die bilineare Abbildung

$$S : H_n(M) \times H_n(M) \longrightarrow \mathbb{Z},$$

die definiert ist durch $S(x,y) = \langle \sigma(x),y\rangle$ für alle $x,y \in H_n(M)$, d.h. die Klasse $\sigma(x) \in H^n(M)$ wird angewandt auf $y$. Die Bilinearform $S$ heisst Schnittform und für alle $x,y \in H_n(M)$ heisst $S(x,y)$ die Schnittzahl von $x$ und $y$.

SATZ. <u>Die Schnittform</u> $S$ <u>ist symmetrisch für gerades</u> $n$ <u>und schiefsymmetrisch für ungerades</u> $n$.

Beweis. Es seien $x,y \in H_n(M)$ und $z \in H_{2n}(M,\partial M)$ die Fundamentalklasse von $(M,\partial M)$. Die Isomorphismen $D : H^n(M,\partial M) \longrightarrow H_n(M)$ und $D' : H^n(M) \longrightarrow H_n(M,\partial M)$ des POINCARE-LEFSCHETZschen Dualitätssatzes werden durch $\cap z$ definiert. Dann ist $S(x,y) = \langle D'^{-1}i_*x,y\rangle = (i^*D^{-1}x)\cap y$ $= (i^*D^{-1}x) \cap (D^{-1}y \cap z) = (i^*D^{-1}x \cup D^{-1}y) \cap z = (-1)^n(i^*D^{-1}y \cup D^{-1}x)\cap z$ $= (-1)^n \langle D'^{-1}i_*y,x\rangle = (-1)^n S(y,x)$.

In $H_n(M)$ wird eine Basis $e_1,e_2, \ldots, e_a$ ausgezeichnet. Die Determinante $\det S$ von $S$ ist definiert als die Determinante der Matrix $(S(e_i,e_j))$ $i,j = 1, \ldots, a$. Es ist klar, dass diese Definition von der Basiswahl unabhängig ist.

SATZ. <u>Für</u> $n \geq 2$ <u>gilt:</u>

i) $H_n(\partial M)$ <u>ist freie abelsche Gruppe vom Range</u> $a - \mathrm{Rg}S$

ii) $H_{n-1}(\partial M)$ <u>ist endlich erzeugte abelsche Gruppe mit Rang</u> $a - \mathrm{Rg}S$

iii) <u>Wenn</u> $\det S \neq 0$, <u>dann ist</u> $H_n(\partial M) = 0$, <u>und</u> $H_{n-1}(\partial M)$ <u>ist endliche abelsche Gruppe der Ordnung</u> $|\det S|$.

Beweis. Die Behauptungen folgen aus der exakten Sequenz (1) und dem Elementarteilersatz (s.z.B. B.L. VAN DER WAERDEN [72] S. 150).

Im Falle $n = 1$ hat man die exakte Sequenz (1), falls man $H_{n-1}(\partial M)$

durch die reduzierte Homologiegruppe $\widetilde{H}_0(\partial M)$ ersetzt. Dies ergibt den

SATZ. Wenn $\dim M = 2$ , dann sind $H_1(\partial M)$ und $H_0(\partial M)$ isomorph und frei abelsch vom Range $a - \mathrm{RgS} + 1$ . Der Rand $\partial M$ ist also disjunkte Vereinigung von $a - \mathrm{RgS} + 1$ eindimensionalen Sphären. Wenn $\det S \neq 0$ , dann ist $\partial M = S^1$ und $\det S = \pm 1$ .

8.2. Für einen bezüglich $2\mathbb{Z}$ bewerteten Baum ist $M^{2n-1}(T)$ Rand von $\mathfrak{M}^{2n}(T)$ (vgl. 7.3).

SATZ. $\mathfrak{M}^{2n}(T)$ hat den Homotopietyp von $S^n \vee \ldots \vee S^n$ , wo die Anzahl der Exemplare $S^n$ gleich der Anzahl der Ecken in $T$ ist.

Beweis. $\mathfrak{M}^{2n}(T)$ lässt sich auf die Nullschnitte der verklebten Vollkugel zusammenziehen. Dieser Prozess wird in ARLT [4] 1.3 genau beschrieben.

Beispiel: Homotopietyp von $\mathfrak{M}^2(A_3)$

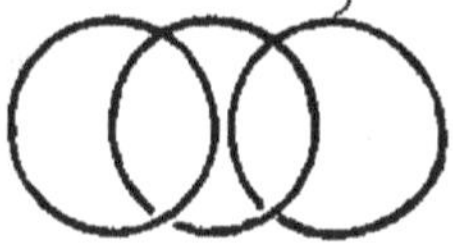

Es sei $a$ die Anzahl der Ecken in dem Baum $T$ . Die Ecken seien mit den Zahlen $1, 2, \ldots, a$ durchnumeriert. Eine Basis $e_1, e_2, \ldots, e_a$ von $H_n(\mathfrak{M}^{2n}(T))$ wird gegeben durch die Nullschnitte der verklebten Bündel, $e_j$ entspricht dem Nullschnitt des j-ten Bündels.

Für den Baum $T$ mit Bewertung $\lambda$ in $2\mathbb{Z}$ werden die Bilinearformen $S_T$ , $\widetilde{S}_T$ und $S_T^o$ auf $H_n(\mathfrak{M}^{2n}(T))$ definiert.

$S_T$ ist eine symmetrische Bilinearform, definiert durch:

$S_T(e_i, e_j) = 1$ , falls $i \neq j$ und $i$ und $j$ durch eine Strecke in $T$ verbunden sind.

$S_T(e_i,e_j) = 0$ , falls $i \neq j$ und $i$ und $j$ nicht durch eine Strecke in $T$ verbunden sind.

$S_T(e_i,e_i) = \lambda(i)$ , $i = 1, \ldots, a$ . $i$ steht jeweils für die i-te Ecke in $T$ .

Die symmetrische Bilinearform $S_T^0$ geht aus $S_T$ hervor, indem man die Elemente in der Hauptdiagonalen der zugehörigen Matrix durch Null ersetzt.

$\tilde{S}_T$ ist eine schiefsymmetrische Bilinearform mit den Eigenschaften:

$\tilde{S}_T(e_i,e_i) = 0$

$\tilde{S}_T(e_i,e_j) = 0$ , wenn $i \neq j$ und $i$ und $j$ durch keine Strecke in $T$ verbunden sind

$\tilde{S}_T(e_i,e_j) = \pm 1$ , wenn $i \neq j$ und $i$ und $j$ in $T$ durch eine Strecke verbunden sind

8.3. SATZ. Ist $n$ gerade, so ist $S_T$ die Schnittform von $\mathfrak{M}^{2n}(T)$. Ist $n$ ungerade, so ist die Schnittform von $\mathfrak{M}^{2n}(T)$ eine Form vom Typ $\tilde{S}_T$ .

Beweis. Die Berechnung der Schnittzahlen $S(e_i,e_j)$ erfolgt durch Bestimmung der geometrischen Schnittzahlen der repräsentierenden Zykeln, das sind in unserem Falle die Nullschnitte in den einzelnen Bündeln (vgl. dazu SAMELSON [62] ). Zur Definition der Schnittform ist in $\mathfrak{M}^{2n}(T)$ eine Orientierung auszuzeichnen. Dazu wählt man auf der n-Sphäre und in den Fasern der zu verklebenden Bündel die in 7.1 angegebene Standard-Orientierung. Wenn $n$ gerade ist, wird der Totalraum orientiert durch das Paar (Orientierung der Basis, Orientierung der Faser). Man erhält die gleiche Orientierung durch das Paar (Orientierung der Faser, Orientierung der Basis). Daher ist die Orientierung mit dem

Verkleben verträglich. Ist $i \neq j$ , und sind $i$ und $j$ in dem Baum $T$ nicht durch eine Strecke verbunden, so ist $S(e_i,e_j) = 0$ . Sind $i$ und $j$ in $T$ durch eine Strecke verbunden, so schneiden sich die Nullschnitte des i-ten und j-ten Bündels in genau einem Punkt. Da die Orientierungen der sich transversal schneidenden Sphären gerade die Orientierung des Gesamtraumes geben, ist $S(e_i,e_j) = 1$ . Um $S(e_i,e_i)$ zu berechnen, kann man sich auf das i-te Bündel ${}_kTS^n$ beschränken. $U \in H^n(DS^n,{}_kSS^n)$ sei die Thomsche Klasse von ${}_kTS^n$ und $v$ die Fundamentalklasse von $S^n$ und $z \in H_{2n}({}_kDS^n, {}_kSS^n)$ sei die Fundamentalklasse der berandeten Mannigfaltigkeit $({}_kDS^n, {}_kSS^n)$ . Ausserdem sei $g : S^n \longrightarrow {}_kDS^n$ der Nullschnitt und $i : {}_kDS^n \longrightarrow ({}_kDS^n, {}_kSS^n)$ die Inklusion. Dann ist $DU = U \cap z = g_*v$ (vgl. SAMELSON [62]) und $S(e_i,e_i) = \langle D'^{-1} i_* g_* v, g_* v \rangle = \langle i^*U, g_*v \rangle = \langle g^* i^* U, v \rangle = \langle X, v \rangle$ , wo $X$ die EULERklasse von ${}_kTS^n$ ist (vgl. MILNOR [51] Chap. VIII), d.h. $S(e_i,e_i)$ ist die EULERsche Zahl des i-ten Bündels und gleich $\lambda(i)$ .

Ist $n$ ungerade, so hat man auf $\mathfrak{M}^{2n}(T)$ keine kanonische Auswahl einer Orientierung. Die übliche Orientierung in den Bündeln ist mit dem Verkleben nicht verträglich. $\mathfrak{M}^{2n}(T)$ lässt sich orientieren durch geeignete Wahl der Orientierungen in den Bausteinen. Bezeichnet man die durch das Paar (Orientierung der Basis, Orientierung der Faser) definierte Orientierung eines Bausteines als positiv und die entgegengesetzte Orientierung, gegeben durch das Paar (Orientierung der Faser, Orientierung der Basis) als negativ, so erhält man eine Orientierung von $\mathfrak{M}^{2n}(T)$ z.B. dadurch, dass man je zwei Bausteine, deren zugehörige Ecken in $T$ durch eine Strecke verbunden sind, entgegengesetzt orientiert. Da $T$ keine Zykeln enthält, ist eine solche Auswahl möglich.

Beispiel:

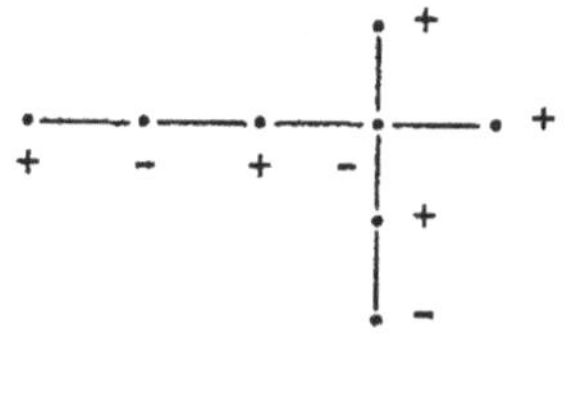

Hat man eine solche Orientierung für $\mathfrak{M}^{2n}(T)$ gewählt, so ist die zugehörige Schnittform eine schiefsymmetrische Bilinearform von der Art $\tilde{S}_T$ .

8.4. Zur Berechnung der Homologie von $M^{2n-1}(T)$ hat man nach 8.1 Determinante und Korang der Schnittform zu berechnen.

DEFINITION. Es sei $T$ ein Baum. Aus $T$ nehme man zwei Ecken, die durch eine Strecke miteinander verbunden sind zusammen mit ihrem offenen Stern heraus. Durch diese Operation erhält man eine Vereinigung von Bäumen, auf die man das Verfahren weiter anwenden kann. Schliesslich bleiben nur isolierte Punkte übrig. Die kleinste Anzahl von isolierten Punkten, die man durch Anwendung dieser Operationen erhalten kann, heisst nach JÄNICH [32] der <u>Minimaldefekt</u> von $T$ und wird mit $\Delta(T)$ bezeichnet.

Beispiel: $\Delta(E_8) = 0$

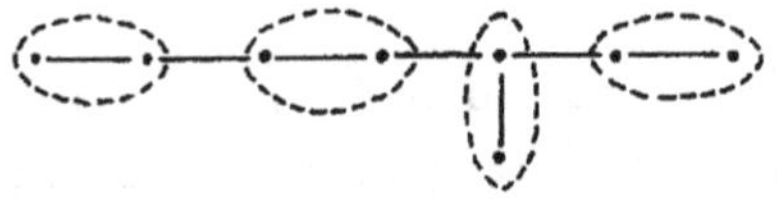

SATZ. <u>Für die schiefsymmetrische Bilinearform</u> $\tilde{S}_T$ <u>des Baumes</u> $T$ <u>gilt:</u>

a) $\det \tilde{S}_T \neq 0 \Longleftrightarrow \Delta(T) = 0$

b) $\operatorname{Korang} \tilde{S}_T = \Delta(T)$

c) $\det \tilde{S}_T \neq 0 \Longrightarrow \det \tilde{S}_T = \pm 1$

Beweis. Es werden zwei Operationen zur Vereinfachung von $T$ durchgeführt: 1.) Die Ecken des Baumes seien mit den Zahlen $1, 2, \ldots, a$ durchnumeriert. Es seien $i, j, k$ Ecken von $T$ , so dass $i$ nur mit $j$ und $j$ nur mit $i$ und $k$ durch eine Strecke verbunden sind. Es sei $T'$ der Baum, den man aus $T$ durch Wegnehmen von $i$ und $j$ erhält. Dann sind $\Delta(T) = \Delta(T')$

und $\det \tilde{S}_T = \pm \det \tilde{S}_{T'}$ und Rang $\tilde{S}_T$ = Rang $\tilde{S}_{T'} + 2$ .

2.) Es seien $i,j,k$ Ecken von $T$ derart, dass $i$ nur mit $k$ und $j$ nur mit $k$ durch eine Strecke verbunden sind. Dann sind i-te und j-te Zeile und i-te und j-te Spalte in der Matrix von $\tilde{S}_T$ linear abhängig. Wird entweder $i$ oder $j$ aus $T$ gestrichen, so erhält man einen Baum $T'$ mit $\Delta(T) = \Delta(T') + 1$ und Rang $\tilde{S}_T$ = Rang $\tilde{S}_{T'}$ .

Diese Operationen werden so lange durchgeführt, bis entweder ein Punkt oder ein Baum $A_2$ übrig bleibt. Daraus folgen a) und b). Die Behauptung c) folgt aus 8.1, $n = 1$ .

Der Satz kann "geometrisch" bewiesen werden, indem man direkt zeigt, dass $M^1(T)$ disjunkte Vereinigung von $\Delta(T) + 1$ eindimensionalen Sphären ist, und den letzten Satz von 8.1 und den Satz in 8.3 (für $n = 1$) anwendet.

8.5. LEMMA. <u>Die Matrizen</u> $\tilde{S}_T$ <u>und</u> $S_T^o$ <u>haben gleichen Rang</u>.

Beweis durch Induktion über die Anzahl der Ecken in $T$ . Es sei $j$ eine freie Ecke in $T$ , die durch eine Strecke mit der Ecke $i$ verbunden ist. Dann ist

$$\tilde{S}_T = \begin{pmatrix} & & & 0 & \\ & & & 0 & \\ & & & -1 & \\ & & & 0 & \\ 0\ldots0 & 1 & 0 & \vdots & \ldots 0 \\ & & & 0 & \\ & & & 0 & \end{pmatrix} \begin{matrix} \\ \\ i \\ \\ j \\ \\ \\ \end{matrix} \qquad S_T^o = \begin{pmatrix} & & & 0 & \\ & & & 0 & \\ & & & 1 & \\ & & & 0 & \\ 0\ldots0 & 1 & 0 & \vdots & \ldots 0 \\ & & & \vdots & \\ & & & 0 & \end{pmatrix} \begin{matrix} \\ \\ i \\ \\ j \\ \\ \\ \end{matrix}$$

$$\qquad\qquad i \quad j \qquad\qquad\qquad\qquad\qquad i \quad j$$

Da die Matrizen, die durch Streichen der j-ten Zeile und j-ten Spalte entstehen, nach Induktionsvoraussetzung gleichen Rang haben, haben auch

$\tilde{S}_T$ und $S_T^o$ gleichen Rang.

SATZ. <u>Für jeden bewerteten Baum</u> $T$ <u>sind die folgenden Aussagen äquivalent:</u>

(1) $\Delta(T) = 0$

(2) $\det \tilde{S}_T = \pm 1$

(3) $\det \tilde{S}_T \neq 0$

(4) $\det S_T^o = \pm 1$

(5) $\det S_T^o \neq 0$

(6) $\det S_T$ ungerade.

Alle diese Äquivalenzen sind direkte Folgerungen des Satzes in 8.4 und des Beweises zu dem vorhergehenden Lemma sowie der Tatsache, dass $\det S_T^o = \det S_T \mod 2$ .

Beispiele. 1.) $A_i$ : $\Delta(A_i) = 0$ genau dann, wenn $i$ gerade ist. Ist $A_i$ konstant mit $2$ bewertet, so gilt $\det S_{A_i} = i + 1$ .
2.) $E_i$ : $\Delta(E_i) = 0$ genau dann, wenn $i$ gerade ist.
Ist $E_i$ konstant mit $2$ bewertet, so gilt $\det S_{E_i} = 9 - i$ .

Die Determinante lässt sich natürlich in beiden Fällen ohne Schwierigkeit direkt berechnen. Wir wollen zur Erleichterung die folgende einfache Überlegung durchführen. $T$ sei ein bezüglich $2\mathbb{Z}$ bewerteter Baum. $e_o$ sei eine freie Ecke in $T$ , d.h. nur mit einer Ecke $e_1$ durch eine Strecke verbunden. Wir bezeichnen mit $T''$ den

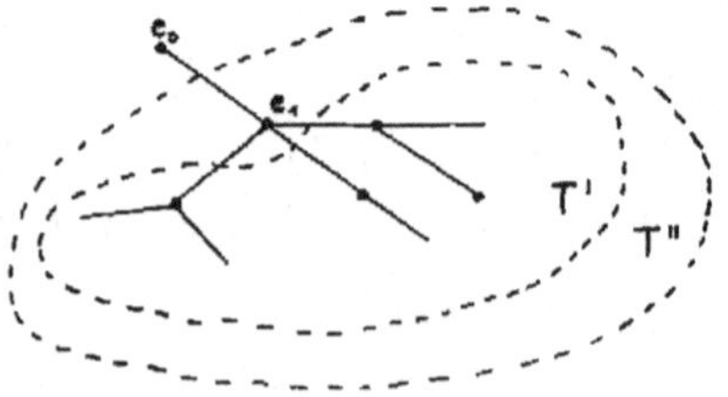


Baum, den man aus $T$ durch Herausnehmen des offenen Sternes von $e_o$ , und mit $T'$ denjenigen Komplex, den man aus $T''$ durch Herausnehmen des offenen Sternes von $e_1$ erhält. $T'$ ist nicht notwendig wieder

zusammenhängend. Trotzdem ist det $S_{T'}$ definiert. Bezeichnet a den Wert der Bewertung in $e_o$ , dann ist

$$\det S_T = a \det S_{T''} - \det S_{T'}$$

Angewandt auf den Baum $A_i$ des Beispiels 1.) erhält man induktiv

$$\det S_{A_i} = 2 \det S_{A_{i-1}} - \det S_{A_{i-2}} = 2i - (i-1) = i + 1$$

Für den Baum $E_i$ des Beispiels 2.) ist

$$\det S_{E_i} = 2 \det S_{A_{i-1}} - \det S_{A_{i-4}} \cdot \det S_{A_2}$$

$$= 2i - 3(i-3) = 9 - i$$

(vgl. die Skizze)

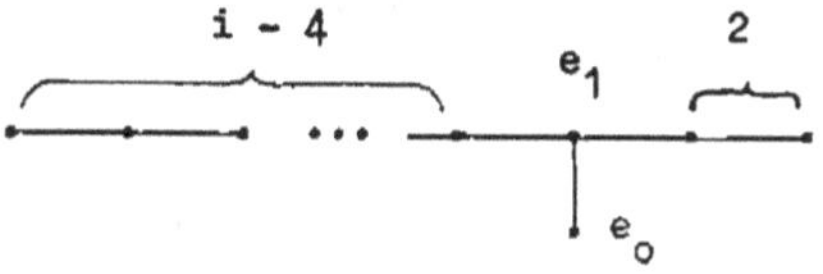


8.6. Aus den vorhergehenden Sätzen folgt nun unmittelbar der

SATZ. <u>Für einen Baum</u> T <u>und ungerades</u> n <u>gilt:</u> $M^{2n-1}(T)$ <u>ist eine Homologiesphäre genau dann, wenn</u> $\Delta(T) = 0$ .

Das folgende Lemma zeigt, dass $M^{2n-1}(T)$ für $n \geq 3$ dann auch eine Homotopiesphäre ist.

LEMMA. <u>Ist</u> $n \geq 3$ , <u>so ist</u> $M^{2n-1}(T)$ <u>einfach zusammenhängend.</u>

Beweis. $\pi_1(\mathfrak{M}^{2n}(T)) = 0$ und jeder geschlossene Weg in $M^{2n-1}(T)$ berandet das Bild einer Scheibe in $\mathfrak{M}^{2n}(T)$ . Da $2n - n \geq 3$ lässt sich dieses Bild unter Festhalten des Randes so deformieren, dass es die Nullschnitte der Bündel nicht trifft. Der geschlossene Weg kann daher schon in $M^{2n-1}(T)$ zusammengezogen werden.

SATZ. Es sei $n$ ungerade und $n \geq 3$. Dann ist $M^{2n-1}(T)$ eine Homotopiesphäre genau dann, wenn $\Delta(T) = 0$. Nach SMALE [65] (vgl. § 10 ) ist $M^{2n-1}(T)$ in diesem Falle homöomorph zu $S^{2n-1}$.

8.7. SATZ. $\mathfrak{M}^{2n}(T)$ ist parallelisierbar.

Beweis. Die Mannigfaltigkeit $\mathfrak{M}^{2n}(T)$ hat als Deformationsretrakt eine Menge von $a$ Sphären der Dimension $n$, von denen je zwei höchstens einen Punkt gemeinsam haben (s. ARLT [4] ). Daher genügt es, die Beschränkung des Tangentialbündels von $\mathfrak{M}^{2n}(T)$ auf diese Teilmenge zu betrachten (vgl. STEENROD [69] ). Die Beschränkung des Tangentialbündels von $\mathfrak{M}^{2n}(T)$ auf jede einzelne der Sphären mit Bewertung $2k$ ist gleich der WHITNEY-Summe aus $TS^n$ und ${}_kTS^n$. Da jeder der beiden Summanden stabil trivial ist, ist die Summe stabil trivial und als 2n-dimensionales Vektorraumbündel über $S^n$ trivial. Da $T$ keine Zykeln enthält, folgt daraus die Behauptung.

8.8. Beispiel 1. Der Baum $A_2$ sei konstant mit 0 bewertet, d.h. es werden triviale $S^{n-1}$-Bündel über $S^n$ zu der Mannigfaltigkeit $M^{2n-1}(A_2)$ verklebt. In diesem Falle sind $M^{2n-1}(A_2)$ und $S^{2n-1}$ diffeomorph.

Beweis (MILNOR [49] S. 963). Als Menge ist $M^{2n-1}(A_2) = D^n \times S^{n-1} \cup S^{n-1} \times D^n$. Man erhält $M^{2n-1}(A_2)$ mit der richtigen differenzierbaren Struktur auf folgende Weise: Es sei $t' = 1/t$. In der disjunkten Vereinigung von $\mathbb{R}^n \times S^{n-1}$ und $S^{n-1} \times \mathbb{R}^n$ werden $(tx,y)$ und $(x,t'y)$ für alle $x \in S^{n-1}$, $y \in S^{n-1}$ und $0 < t < \infty$ identifiziert. Der Diffeomorphismus $M^{2n-1}(A_2) \longrightarrow S^{2n-1}$ wird durch die folgende Zuordnung geliefert:

$$(tx,y)\mapsto(tx/(1+t^2)^{1/2}\ ,\ y/(1+t^2)^{1/2})$$

$$(x,t'y)\mapsto(x/(1+t'^2)^{1/2}\ ,\ t'y/(1+t'^2)^{1/2})$$

Bemerkung. JÄNICH zeigte in [32] , dass die Mannigfaltigkeiten $M^{2n-1}(T)$ , die man aus einem konstant mit 0 bewerteten Baum T mit $\Delta(T) = 0$ erhält, diffeomorph sind zu $S^{2n-1}$ .

Beispiel 2. Der Baum $A_2$ sei konstant mit 2 bewertet , d.h. es werden Einheitstangentialbündel verklebt. Da $\Delta(A_2) = 0$ , ist für ungerades $n \geq 3$ $M^{2n-1}(A_2)$ eine Sphäre. Diese Sphäre wird als KERVAIRE-Sphäre bezeichnet. KERVAIRE hat in [34] gezeigt, dass $M^9(A_2)$ nicht diffeomorph ist zu $S^9$ .

Beispiel 3. Der Baum $E_8$ sei konstant mit 2 bewertet. Nach 8.5 ist $\det S_{E_8} = 1$ und ausserdem $\Delta(E_8) = 0$ . Daher ist $M^{2n-1}(E_8)$ für alle $n \geq 1$ eine Homologiesphäre und für $n \neq 2$ eine Sphäre. $M^3(E_8)$ ist $S^3/G$ , wo G die binäre Ikosaedergruppe bezeichnet (vgl. HIRZEBRUCH [25] und VON RANDOW [61] Kap. V § 9).

## § 9 Quadratische Formen, ARFsche Invariante

9.1. Im folgenden sei $A$ stets ein Integritätsbereich und $V$ ein freier Modul endlichen Ranges über $A$. Eine quadratische Form (symmetrische Bilinearform)

$$f : V \times V \longrightarrow A$$

heisst nicht-singulär, wenn ihre Determinante bezüglich einer Basis von $V$ eine Einheit ist. Die Gruppe der Einheiten von $A$ werde mit $A^*$ bezeichnet. Die Determinante ist nur bis auf Multiplikation mit Quadraten von Einheiten bestimmt. Wir definieren für $f$ nicht-singulär $\operatorname{Det} f$ als Element der Gruppe $A^*/A^{*2}$, wo $A^{*2}$ die Gruppe der Einheitenquadrate ist.

LEMMA. $f$ sei eine quadratische Form über dem $A$-Modul $V = V_1 \oplus V_2$. Die Beschränkung von $f$ auf $V_1$ sei nicht-singulär. Dann spaltet $f/V_1$ ab, d.h. es gibt einen Untermodul $\tilde{V}_2$, so dass $V = V_1 \oplus \tilde{V}_2$ und $f = f/V_1 \oplus f/\tilde{V}_2$.

Der Beweis ergibt sich aus folgender Identität von "Kästchenmatrizen". Für $M_1 = M_1'$ ($M_1'$ ist die transponierte Matrix von $M_1$) $N = N'$ und $M_1$ invertierbar ist, wenn $E$ die Einheitsmatrix bezeichnet,

$$(1)\quad \begin{pmatrix} E & 0 \\ -LM_1^{-1} & E \end{pmatrix} \begin{pmatrix} M_1 & L' \\ L & N \end{pmatrix} \begin{pmatrix} E & -M_1^{-1}L' \\ 0 & E \end{pmatrix} = \begin{pmatrix} M_1 & 0 \\ 0 & -LM_1^{-1}L' + N \end{pmatrix}$$

9.2. $A$ sei wie bisher ein Integritätsbereich und wird jetzt als Stellenring vorausgesetzt. $\mathfrak{m} = A - A^*$ ist also das einzige maximale von $A$ verschiedene Ideal von $A$. Es sei $2 \in \mathfrak{m}$. Die quadratische Form $f : V \times V \longrightarrow A$ soll "gerade" heissen, falls $f(x,x) \in \mathfrak{m}$ für alle $x \in V$. Wegen

$$f(x+y,\, x+y) = f(x,x) + f(y,y) \mod \mathfrak{m}$$

ist $f$ genau dann gerade, wenn $f$ bezüglich einer Basis von $V$ durch eine Matrix gegeben wird, deren Diagonalkoeffizienten in $\mathfrak{m}$ liegen.

LEMMA. $A$ <u>sei Stellenring mit</u> $2 \in \mathfrak{m}$ . <u>Die quadratische Form</u> $f : V \times V \longrightarrow A$ <u>sei gerade und nicht-singulär. Dann ist</u> $f$ <u>direkte Summe von binären (geraden, nicht-singulären) quadratischen Formen.</u>

Beweis. $f : V \times V \longrightarrow A$ werde bezüglich einer Basis von $V$ durch die Matrix $(a_{ij})$ gegeben. Da $a_{11} \in \mathfrak{m}$ , liegt wenigstens ein $a_{1j} (j \geq 2)$ nicht in $\mathfrak{m}$ . Ohne Beschränkung der Allgemeinheit können wir annehmen, dass $a_{12} \notin \mathfrak{m}$ , d.h. $a_{12} \in A^*$ . Also ist $a_{11}a_{22} - a_{12}^2 \in A^*$ . Wegen des Lemmas in 9.1 folgt die Behauptung mittels einer einfachen Induktion.

9.3. Es sei nun $A = Q(2)$ , das ist der Stellenring der rationalen Zahlen, deren Nenner ungerade sind. Für $a \in A^*$ ist dann $a^2 \equiv 1 \mod 8$ . Für eine quadratische Form $f : V \times V \longrightarrow Q(2)$ ist daher die Determinante von $f$ ein modulo 8 wohldefiniertes Element von $Q(2)$ und wir setzen für nicht-singuläres $f$

$$d(f) = 0 \text{ , wenn } \operatorname{Det} f \equiv \pm 1 \mod 8$$

$$d(f) = 1 \text{ , wenn } \operatorname{Det} f \equiv \pm 3 \mod 8$$

$d(f)$ wird als Element aus $\mathbb{Z}/2\mathbb{Z} = \mathbb{Z}_2$ betrachtet. Für die direkte Summe von nicht-singulären quadratischen Formen $f_1, f_2$ gilt offensichtlich

(2) $$d(f_1 \oplus f_2) = d(f_1) + d(f_2)$$

LEMMA. <u>Für eine nicht-singuläre gerade quadratische Form</u> $f$ <u>über einem</u> $Q(2)$-<u>Modul</u> $V$ <u>vom Grade</u> $r$ <u>ist</u> $r$ <u>stets gerade und es gilt</u>

(3) $\qquad r \equiv -\operatorname{Det} f + 1 \bmod 4$

Beweis. Die Formel (3) gilt für $r = 2$. Die rechte Seite der Kongruenz (3) verhält sich additiv bei direkter Summenbildung nicht-singulärer quadratischer Formen, wie sich aus

$$(\operatorname{Det} f_1 - 1)(\operatorname{Det} f_2 - 1) \equiv 0 \bmod 4$$

ergibt. Die Behauptung folgt dann aus dem Lemma in 9.2.

Für $r \equiv 0 \bmod 4$ ist also $\operatorname{Det} f \equiv 1$ oder $\equiv -3 \bmod 8$; für $r \equiv 2 \bmod 4$ ist $\operatorname{Det} f \equiv -1$ oder $\equiv 3 \bmod 8$. Bei der Einführung von $d(f)$ durch $\pm \operatorname{Det} f$ hat man also, wenn man $r$ kennt, keinen Informationsverlust.

9.4. LEMMA. $f, g$ seien gerade quadratische Formen über demselben $Q(2)$-Modul $V$. Die Form $f$ sei nicht-singulär. Dann ist

(4) $\qquad \operatorname{Det} f \equiv \operatorname{Det}(f+2g) \bmod 8$

Beweis. Nach dem Lemma in 9.2 können wir annehmen, dass $f$ bezüglich einer Basis durch eine Matrix $(f_{ij})$ gegeben wird, die aus $(2 \times 2)$-Kästchen entlang der Diagonale besteht. Es genügt, (4) für den Fall zu beweisen, dass $g$ bezüglich der gewählten Basis eine Matrix mit höchstens einem nicht verschwindenden Element $g_{st}$ $(s \leq t)$ hat. Ist $s = t$, dann können wir o.B.d.A. annehmen, dass $s = t = 1$. Dann sind $g_{11} \equiv 0 \bmod 2$ und $f_{22} \equiv 0 \bmod 2$ und

$$\begin{vmatrix} f_{11} & f_{12} \\ f_{21} & f_{22} \end{vmatrix} \equiv \begin{vmatrix} f_{11} + 2g_{11} & f_{12} \\ f_{21} & f_{22} \end{vmatrix} \bmod 8$$

was (4) für diesen Fall beweist. Ist $s \neq t$, dann kann man annehmen, dass $(s,t) = (1,3)$. Wegen $f_{ii} \equiv 0 \bmod 2$ ist aber sogar

$$\begin{vmatrix} f_{11} & f_{12} & 2g_{13} & 0 \\ f_{21} & f_{22} & 0 & 0 \\ 2g_{31} & 0 & f_{33} & f_{34} \\ 0 & 0 & f_{43} & f_{44} \end{vmatrix} \equiv \begin{vmatrix} f_{11} & f_{12} & 0 & 0 \\ f_{21} & f_{22} & 0 & 0 \\ 0 & 0 & f_{33} & f_{34} \\ 0 & 0 & f_{43} & f_{44} \end{vmatrix} \mod 16$$

9.5. $V$ sei nun ein endlich-dimensionaler Vektorraum über $\mathbb{Z}_2 = \{0,1\}$. Für eine Funktion $\varphi : V \longrightarrow \mathbb{Z}_2$ definieren wir

(5) $\hat{\varphi}(x,y) = \varphi(x+y) - \varphi(x) - \varphi(y)$ , $(x,y \in V)$

Es werde vorausgesetzt, dass $\hat{\varphi}$ bilinear ist. Es ist $\hat{\varphi}(x,x) = 0$ und $\hat{\varphi}(x,y) = \hat{\varphi}(y,x)$ . Damit ist $\hat{\varphi}$ eine quadratische Form über $V$ , und $\hat{\varphi}$ wird als nicht-singulär vorausgesetzt. Nach dem Lemma in 9.2 ist $\hat{\varphi}$ direkte Summe von binären (geraden, nicht-singulären) Formen, d.h. es gibt eine "symplektische" Basis $e_1, e_2, e_3, e_4, \ldots, e_{2r-1}, e_{2r}$ von $V$ mit

(6) $\hat{\varphi}(e_{2i-1}, e_{2i}) = \hat{\varphi}(e_{2i}, e_{2i-1}) = 1$ , $i = 1, 2, \ldots, r$

$\hat{\varphi}(e_s, e_t) = 0$ sonst.

Wenn $\varphi$ die genannten Eigenschaften besitzt, dann wollen wir von einer <u>eigentlichen</u> quadratischen Form über dem $\mathbb{Z}_2$-Vektorraum $V$ sprechen.

Gegeben sei eine nicht-singuläre <u>gerade</u> quadratische Form $f$ über dem $Q(2)$-Modul $V$ . Dann ist $V/2V$ ein $\mathbb{Z}_2$-Vektorraum, über dem wir eine <u>eigentliche</u> quadratische Form durch

$$\varphi(\xi) = \frac{f(x,x)}{2} \quad \text{reduziert mod } 2$$

definieren, wo $x \in V$ und $\xi \in V/2V$ das Bild von $x$ unter der Projektion $V \longrightarrow V/2V$ ist. Es ist dann entsprechend $\hat{\varphi}(\xi, \eta) = f(x,y)$ mod 2 , wo $\xi, \eta$ die Klassen von $x$ bzw. $y$ in $V/2V$ sind. Wir sagen, dass $\varphi$ durch Reduktion mod 2 aus $f$ hervorgeht. Zwei nicht-singuläre gerade quadratische Formen $f_1, f_2$ über $V$ haben dann und nur dann die gleiche mod 2 Reduktion, wenn $f_1 - f_2 = 2g$, wo $g$ eine gerade quadratische Form über $V$ ist. Aus dem Lemma in 9.4 folgt

LEMMA. Wird die eigentliche quadratische Form $\varphi$ (über einem $\mathbb{Z}_2$-Vektorraum) durch Reduktion mod 2 aus einer nicht-singulären geraden quadratischen Form $f$ über einem $Q(2)$-Modul gewonnen, dann hängt $d(f)$ nur von $\varphi$ ab.

9.6. Ist $\varphi$ über einem $\mathbb{Z}_2$-Vektorraum gegeben, in dem eine Basis $e_1, e_2, \ldots, e_{2r}$ eingeführt sei, dann wird durch

$$\begin{aligned}
f_{ij} &= 1, \quad \text{falls } i \neq j \text{ und } \hat{\varphi}(e_i,e_j) \neq 0 \\
f_{ij} &= 0, \quad \text{falls } i \neq j \text{ und } \hat{\varphi}(e_i,e_j) = 0 \\
f_{ii} &= 2, \quad \text{falls } \varphi(e_i) \neq 0 \\
f_{ii} &= 0, \quad \text{falls } \varphi(e_i) = 0
\end{aligned}$$

offensichtlich die Matrix einer Form $f$ bezüglich $Q(2)$ gegeben, die bei mod 2 Reduktion $\varphi$ ergibt.

Wegen des Lemmas in 9.5 ist die folgende Definition sinnvoll.

DEFINITION. Für eine eigentliche quadratische Form $\varphi$ über dem $\mathbb{Z}_2$-Vektorraum $V$ werde definiert

$$d(\varphi) = d(f) \in \mathbb{Z}_2 = \{0,1\},$$

wo $f$ eine nicht-singuläre gerade quadratische Form über einem $Q(2)$-Modul ist, die bei mod 2 Reduktion $\varphi$ ergibt. $d(\varphi)$ heisst ARFsche Invariante. Es ist $d(\varphi) = 0$, wenn $\operatorname{Det} f \equiv \pm 1 \bmod 8$, und $d(\varphi) = 1$, wenn $\operatorname{Det} f \equiv \pm 3 \bmod 8$.

Aus (2) folgt, dass sich die ARFsche Invariante $d$ bei direkter Summenbildung additiv verhält.

(7) $$d(\varphi_1 \oplus \varphi_2) = d(\varphi_1) + d(\varphi_2)$$

SATZ. Wird für die eigentliche quadratische Form $\varphi$ über dem $\mathbb{Z}_2$-Vektorraum $V$ eine symplektische Basis $e_1, e_2, \dots, e_{2r-1}, e_{2r}$ eingeführt (siehe (6)), dann gilt für die ARFsche Invariante

(8) $$d(\varphi) = \sum_{i=1}^{r} \varphi(e_{2i-1})\,\varphi(e_{2i})$$

Beweis. Wegen der Additivität (7) braucht (8) nur für $r = \frac{1}{2}\dim V = 1$ nachgewiesen zu werden. $\varphi$ entsteht dann durch Reduktion mod 2 aus einer Form $f$ mit Matrix

$$\begin{pmatrix} 2a & c \\ c & 2b \end{pmatrix} \quad a, b, c \in Q(2)\,, \quad c \equiv 1 \bmod 2$$

Die Determinante ist $4ab - c^2$ mit $c^2 \equiv 1 \bmod 8$. Also ist $4ab - c^2 \equiv -1 \bmod 8$, wenn $ab \equiv 0 \bmod 2$, und es ist $4ab - c^2 \equiv 3 \bmod 8$, wenn $ab \equiv 1 \bmod 2$.

9.7. SATZ. Die eigentlichen quadratischen Formen $\varphi, \psi$ über dem $\mathbb{Z}_2$-Vektorraum $V$ bzw. $W$ sind dann und nur dann äquivalent, wenn $\dim V = \dim W$ und $d(\varphi) = d(\psi)$.

Beweis. Die Matrizengleichungen

$$\begin{pmatrix} 1 & 0 \\ 1 & 1 \end{pmatrix}\begin{pmatrix} 0 & 1 \\ 1 & 0 \end{pmatrix}\begin{pmatrix} 1 & 1 \\ 0 & 1 \end{pmatrix} = \begin{pmatrix} 0 & 1 \\ 1 & 2 \end{pmatrix}$$

$$\begin{pmatrix} 1 & 1 & 1 & 0 \\ 1 & 1 & 0 & -1 \\ 1 & 0 & 1 & -1 \\ 0 & 1 & 1 & -1 \end{pmatrix}\begin{pmatrix} 0 & 1 & 0 & 0 \\ 1 & 0 & 0 & 0 \\ 0 & 0 & 0 & 1 \\ 0 & 0 & 1 & 0 \end{pmatrix}\begin{pmatrix} 1 & 1 & 1 & 0 \\ 1 & 1 & 0 & 1 \\ 1 & 0 & 1 & 1 \\ 0 & -1 & -1 & -1 \end{pmatrix} = \begin{pmatrix} 2 & 1 & 0 & 0 \\ 1 & 2 & 0 & 0 \\ 0 & 0 & -2 & -1 \\ 0 & 0 & -1 & -2 \end{pmatrix}$$

sind Äquivalenzen von quadratischen Formen bzgl. $Q(2)$ und zeigen durch Reduktion mod 2 , dass es zu einer eigentlichen quadratischen Form $\varphi$ über dem $\mathbb{Z}_2$-Vektorraum $V$ mit $\dim V = 2r$ eine symplektische Basis $e_1, e_2, \dots e_{2r-1}, e_{2r}$ gibt, so dass (6) gilt und

$$\varphi(e_1) = \varphi(e_2) = d(\varphi) \ , \quad \varphi(e_i) = 0 \ \text{für} \ i \geq 3 \ .$$

Bemerkung. Für den Ring $R(2)$ der ganzen 2-adischen Zahlen ($Q(2) \subset R(2)$) gilt, dass zwei nicht-singuläre gerade quadratische Formen über $R(2)$-Moduln gleicher Dimension dann und nur dann äquivalent sind, wenn ihre Determinanten mod 8 übereinstimmen. Dies impliziert den Satz in 9.6 durch mod 2 Reduktion. Man vergleiche das Buch von B.W. JONES: Arithmetic theory of quadratic forms, Carus Math. monographs Nr. 10, p. 86, p. 91, in dem die obigen Matrizengleichungen für den Beweis des $R(2)$-Klassifikationssatzes verwendet werden.

9.8. Beispiele. Der Baum $T$ sei konstant mit 2 bewertet. Wenn $\Delta(T) = 0$ , dann ist $S_T$ eine nicht-singuläre gerade quadratische Form. Wir schreiben $d(T)$ statt $d(S_T)$ . Dann gilt:

1. $d(E_{2i}) = 0$ , wenn $9 - 2i \equiv \pm 1 \bmod 8$

   $d(E_{2i}) = 1$ , wenn $9 - 2i \equiv \pm 3 \bmod 8$

2. $d(A_{2i}) = 0$ , wenn $2i + 1 \equiv \pm 1 \bmod 8$

   $d(A_{2i}) = 1$ , wenn $2i + 1 \equiv \pm 3 \bmod 8$

## § 10 Bericht über Sphären

In § 10 sollen einige Ergebnisse über differenzierbare Strukturen auf Sphären zusammengestellt werden. Der Bericht stützt sich auf die Arbeit von KERVAIRE und MILNOR "Groups of homotopy spheres" [38] .

10.1. DEFINITION. Eine Homotopiesphäre der Dimension $n$ ist eine kompakte orientierte differenzierbare Mannigfaltigkeit, die den Homotopietyp der Sphäre $S^n$ hat.

DEFINITION. Zwei $n$-dimensionale kompakte orientierte differenzierbare Mannigfaltigkeiten $X$ und $Y$ heissen h-kobordant, wenn es eine kompakte orientierte differenzierbare $(n+1)$-dimensionale Mannigfaltigkeit mit Rand $W$ gibt, so dass $\partial W = X + (-Y)$ und $X$ und $(-Y)$ Deformationsretrakte von $W$ sind. Dabei bezeichnet $X + (-Y)$ die Mannigfaltigkeit, die man als punktfremde Vereinigung von $X$ und $-Y$ erhält. $-Y$ ist als Mannigfaltigkeit identisch mit $Y$ , trägt jedoch die zu der Orientierung von $Y$ entgegengesetzte Orientierung.

Die Menge der h-Kobordismusklassen von Homotopiesphären der Dimension $n$ wird mit $\theta_n$ bezeichnet. Die zusammenhängende Summe zweier $n$-dimensionaler Mannigfaltigkeiten $X$ und $Y$ erhält man dadurch, dass man aus $X$ und $Y$ je eine $n$-Zelle herausnimmt und die entstehenden Ränder verklebt (eine genaue Beschreibung findet man z.B. in [38] ).

SATZ. $\theta_n$ ist bezüglich der zusammenhängenden Summe eine abelsche Gruppe. Die Standardsphäre $S^n$ ist das neutrale Element in dieser Gruppe.

In Dimensionen $n \geq 5$ gelten die beiden tiefliegenden Sätze von SMALE [65] , [66] , deren Beweise sich auch in [45] finden.

SATZ. Zwei einfach zusammenhängende kompakte differenzierbare Mannigfaltigkeiten der Dimension $\geq 5$, die h-kobordant sind, sind orientierungstreu diffeomorph.

SATZ. (POINCAREsche Vermutung für $n \geq 5$) Jede Homotopiesphäre der Dimension $n \geq 5$ ist homöomorph zu $S^n$.

Mit diesen Sätzen lassen sich die $\theta_n$ für $n \geq 5$ folgendermassen charakterisieren.

$\theta_n$ ist die Menge der Äquivalenzklassen von n-Sphären bezüglich orientierungstreuer Diffeomorphismen. Dabei wird als n-Sphäre eine kompakte orientierte differenzierbare Mannigfaltigkeit bezeichnet, die homöomorph ist zu $S^n$. Die n-Sphären, die diffeomorph sind zur Standardsphäre $S^n$ werden gekennzeichnet durch das

LEMMA. Eine einfach zusammenhängende kompakte orientierte differenzierbare Mannigfaltigkeit $X$ ist h-kobordant zu $S^n$ genau dann, wenn $X$ eine zusammenziehbare differenzierbare Mannigfaltigkeit berandet.

10.2. In [38] wird bewiesen, dass $\theta_n$ eine endliche Gruppe ist. Die in dieser Vorlesung angegebenen Beispiele liegen in der kleineren Gruppe $bP_{n+1}$, die folgendermassen definiert ist: Eine Homotopie-Sphäre $X$ der Dimension $n$ gehört zu einer Klasse in $bP_{n+1}$ genau dann, wenn $X$ Rand einer kompakten parallelisierbaren Mannigfaltigkeit ist. Diese Definition hängt nur von der h-Kobordismusklasse ab und $bP_{n+1}$ ist Untergruppe von $\theta_n$. An dieser Stelle sei erwähnt, dass eine kompakte differenzierbare Mannigfaltigkeit mit nicht-leerem Rand genau dann parallelisierbar ist, wenn sie stabil parallelisierbar ist ( [38] Lemma 3.4). Die Struktur der Gruppen $bP_{n+1}$ ist weitgehend bekannt (vgl. [38] ).

SATZ. $bP_{2k+1}$ ist Null.

10.3. SATZ. $bP_{4k}$ $(k>1)$ <u>ist eine zyklische Gruppe der Ordnung</u>

$$\varepsilon_k \, 2^{2k-2}(2^{2k-1}-1) \text{ Zähler } (4B_k/k) ,$$

<u>wo</u> $B_k$ <u>die</u> k-te <u>BERNOULLIsche Zahl ist, und</u> $\varepsilon_k = 1$ <u>für</u> k <u>ungerade und</u> $\varepsilon_k = 1$ <u>oder</u> 2 <u>für</u> k <u>gerade</u> $M^{4k-1}(E_8)$ <u>ist ein erzeugendes Element von</u> $bP_{4k}$ .

Wir wollen dieses Ergebnis etwas erläutern und insbesondere die Klassifikation der Elemente aus $bP_{4k}$ skizzieren: Wenn eine Sphäre, die ein Element aus $bP_{4k}$ repräsentiert, Rand einer stabil parallelisierbaren Mannigfaltigkeit mit Rand $X$ ist, dann darf man nach [38] Theorem 5.5 annehmen, dass $X$ (2k-1)-zusammenhängend ist. Für jedes solche $X$ ist die Schnittform

$$S_X : H_{2k}(X,\mathbb{Z}) \times H_{2k}(X,\mathbb{Z}) \longrightarrow \mathbb{Z}$$

definiert. Die Determinante der ganzzahligen quadratischen Form $S_X$ ist $\pm 1$ (vgl. § 8). Die Signatur $\tau(X) = \tau(S_X)$ ist wie üblich definiert als die Anzahl der positiven "Eigenwerte" vermindert um die Anzahl der negativen Eigenwerte von $S_X$ .

Zu jedem k gibt es eine kompakte parallelisierbare Mannigfaltigkeit mit Rand $X_o$ , so dass $\partial X_o = S^{4k-1}$ und $\tau(X_o) \neq 0$ . (s. [37]). Die ganzen Zahlen, die als Signatur $\tau(X)$ einer (2k-1)-zusammenhängenden kompakten stabilparallelisierbaren Mannigfaltigkeit mit Rand $X$ auftreten, wo $\partial X$ die (4k-1)-dimensionale Standardsphäre ist (das sind gerade diejenigen ganzen Zahlen, die als Signatur $\tau(X)$ einer (2k-1)-dimensionalen kompakten stabil parallelisierbaren Mannigfaltigkeit (ohne Rand) auftreten), bilden eine additive Gruppe. Das positive erzeugende Element dieser Gruppe wird mit $\tau_k$ bezeichnet.

SATZ. <u>Es seien</u> $\Sigma_1$ <u>und</u> $\Sigma_2$ (4k-1)-<u>Sphären</u> $(k > 1)$ , <u>die die stabil parallelisierbaren Mannigfaltigkeiten</u> $X_1$ <u>bzw.</u> $X_2$

beranden. Dann sind $\Sigma_1$ und $\Sigma_2$ h-kobordant genau dann, wenn

$$\tau(X_1) \equiv \tau(X_2) \bmod \tau_k$$

Daher ist $bP_{4k}$ eine Untergruppe der zyklischen Gruppe der Ordnung $\tau_k$. Dass es nicht die volle Gruppe sein kann, zeigt der folgende Satz.

SATZ. ( [48] Lemma 3.2). Es sei $W$ eine stabil parallelisierbare (2k-1)-zusammenhängende Mannigfaltigkeit mit Rand der Dimension $4k$ $(k \geq 1)$, so dass $\partial W$ eine Homologiesphäre ist. Dann ist $\tau(W)$ durch 8 teilbar.

Beweis. Dazu wird gezeigt, dass die Schnittform eine gerade Form ist. Die Aussage, dass $x \cdot x$ gerade ist für alle $x \in H_{2k}(W,\mathbb{Z})$, lässt sich mit Hilfe des POINCARE-LEFSCHETZschen Dualitätssatzes umformen zu der äquivalenten Behauptung

$$Sq^{2k} : H^{2k}(W, \partial W; \mathbb{Z}_2) \longrightarrow H^{4k}(W, \partial W; \mathbb{Z}_2)$$

ist Null. Wäre $Sq^{2k}$ von Null verschieden, so wäre nach den WUschen Formeln (s.z.B. [68] S. 350) eine STIEFEL-WHITNEYklasse der Dimension $\leq 2k$ von Null verschieden.

Da $\partial W$ eine Homologie-Sphäre ist, hat die Schnittform Determinante $\pm 1$(vgl. § 8). Aus dem Korollar in 13.1 folgt die Behauptung.

Andererseits gibt es eine (4k-1)-Sphäre, die eine parallelisierbare Mannigfaltigkeit mit Signatur 8 berandet, z.B. die in 8.8 angegebene Sphäre $M^{4k-1}(E_8)$. Dass $S_{E_8}$ die Signatur 8 besitzt, folgt sehr einfach aus dem Korollar in 13.1 . Denn $S_{E_8}(x,x) = 2x_1^2 + 2x_2^2 + \dots + 2x_8^2 + 2x_1x_2 + \dots + 2x_6x_7 + 2x_5x_8 = x_1^2 + (x_1 + x_2)^2 + \dots + (x_6 + x_7)^2 + x_7^2 + 2x_8^2 + 2x_5x_8$ ist eine gerade quadratische Form, die auf dem Teilraum $x_8 = 0$ positiv definit ist. Da $\tau(S_{E_8}) \equiv 0 \bmod 8$ , gilt $\tau(S_{E_8}) = 8$ . Führt man eine neue Basis $a_1 = e_1$ , $a_2 = - e_2$ , $a_3 = e_3$ , ..., $a_7 = e_7$ , $a_8 = - e_8$ ein, so sieht man, dass $S_{E_8}$ die aus der LIE-Theorie bekannte positiv definite Bilinearform ist, die zu dem Graphen $E_8$ gehört (vgl. JACOBSON [31] Chap. 4 , § 5, SERRE [63] Chap. V § 14, s. auch HIRZEBRUCH [26] ).

Aus den angeführten Tatsachen folgt, dass die Ordnung von $bP_{4k}$ gleich $\tau_k/8$ ist. Der Wert von $\tau_k$ ist nach KERVAIRE-MILNOR [37] S. 457 gleich

$$2^{2k-1}(2^{2k-1} - 1)\, B_k j_k a_k/k \, .$$

In diesem Ausdruck ist $B_k$ die k-te BERNOULLIsche Zahl, $a_k = 1$ für k gerade, $a_k = 2$ für k ungerade und $j_k$ ist die Ordnung der endlichen zyklischen Gruppe $J\pi_{4k-1}(SO(q)) \subset \pi_{q+4k-1}(S^q)$ für grosses q . Nach ADAMS [2] Theorem 1.5 und Theorem 1.6 ist $j_k = \varepsilon_k \cdot$ Nenner $(B_k/4k)$ , wo $\varepsilon_k = 1$ für k ungerade und $\varepsilon_k = 1$ oder 2 für k gerade. Dann ist

$$B_k j_k a_k/4k = \varepsilon_k a_k \text{ Zähler } (B_k/4k) = \varepsilon_k \text{ Zähler } (4B_k/k)$$

und

$$\tau_k = 2^{2k+1}(2^{2k-1} - 1) \;\varepsilon_k \text{ Zähler } (4B_k/k) \, .$$

Aus der Kenntnis der stabilen Homotopiegruppen $\pi_{n+m}(S^n)$ für kleine Werte von m berechnet man $\varepsilon_2 = 1$ und $\varepsilon_4 = 1$ . Denn es sind $j_2 = 240\, \varepsilon_2$ , $j_4 = 480\, \varepsilon_4$ , und für grosse n gilt $\pi_{n+7}(S^n) = \mathbb{Z}_{240}$ und $\pi_{n+15}(S^n) = \mathbb{Z}_{480} + \mathbb{Z}_2$ (s. TODA [71] S. 186 ff. vgl. ADAMS [2] 7.17, KERVAIRE-MILNOR [37] ). M. MAHOWALD beweist in [41] , dass $\varepsilon_{2k} = 1$ ist für $k \leq 2^9$ und wenn k eine Potenz von zwei ist, sowie für verschiedene andere Werte von k .

10.3. SATZ. <u>Für ungerades $k$ ist $bP_{2k}$ Null oder die zyklische Gruppe der Ordnung $2$. $bP_{2k}$ besteht aus der Standardsphäre und aus der KERVAIRE-Sphäre.</u>

Der hier skizzierte Beweis unterscheidet sich nur wenig von dem in [38].

Es sei $X$ eine kompakte orientierte zusammenhängende parallelisierbare Mannigfaltigkeit mit Rand der Dimension $2k$, so dass $\partial X$ eine $(2k-1)$-Sphäre ist. $X$ wurde als $(k-1)$ zusammenhängend vorausgesetzt. Da $\partial X$ eine Sphäre ist, ist die Determinante der Schnittform gleich $\pm 1$, und es gibt eine symplektische Basis $e_1, \dots, e_n, f_1, \dots, f_n$ für $H_k(X, \mathbb{Z})$, so dass

$$\begin{aligned} e_i \cdot f_i &= 1 && i = 1, 2, \dots, n \\ e_i \cdot e_j = f_i \cdot f_j &= 0 && \text{für alle } i, j = 1, \dots, n \\ e_i \cdot f_j &= 0 && i \neq j \end{aligned}$$

Da $H_k(X, \mathbb{Z}) \cong \pi_k(X)$, lässt sich für $k = 3$ jedes Element aus $H_k(X, \mathbb{Z})$ durch eine differenzierbare Einbettung von $S^k$ in $X$ realisieren. Für $k \geq 4$ sind zwei Einbettungen, die das gleiche Element in $H_k(X, \mathbb{Z})$ liefern, isotop und haben daher isomorphe Normalenbündel (s. [21]).

In [38] § 8 wird eine Funktion $\psi_0 : H_k(X, \mathbb{Z}) \longrightarrow \mathbb{Z}_2$ definiert für $k \neq 1, 3, 7$ mit den Eigenschaften:

(i) $\psi_0(x + y) = \psi_0(x) + \psi_0(y) + x \cdot y \mod 2$
für $x, y \in H_k(M, \mathbb{Z})$

(ii) $\psi_0(x) = 0$ genau dann, wenn die eingebettete Sphäre, die $x \in H_k(X, \mathbb{Z})$ repräsentiert, triviales Normalenbündel besitzt.

$\psi_0$ induziert eine eigentliche quadratische Form $\psi$ auf $H_k(X, \mathbb{Z}_2)$ mit ARFscher Invariante $d(\psi)$. Nach § 9 (8) ist $d(\psi) = \sum \psi(e_i)\psi(f_i)$. Es sind die Fälle $d(\psi) = 0$ und $d(\psi) \neq 0$ zu unterscheiden.

Fall 1. $d(\psi) = 0$. Nach geeigneter Umordnung erhält man eine symplektische Basis $e_1, \ldots, e_n, f_1, \ldots, f_n$ von $H_k(X,\mathbb{Z})$, so dass

$$\psi_0(e_i) = \psi_0(f_i) = 1 \qquad i \leq 2s$$

$$\psi_0(e_i) = 0\,, \quad \psi_0(f_i) = 1 \qquad 2s < i \leq m$$

$$\psi_0(e_i) = \psi_0(f_i) = 0 \qquad m < i \leq n$$

In $H_k(X,\mathbb{Z})$ wird eine Basistransformation durchgeführt:

$$e'_{2i-1} = e_{2i-1} + e_{2i}\,, \qquad e'_{2i} = f_{2i-1} - f_{2i}$$

$$f'_{2i-1} = f_{2i-1} + e_{2i-1} + e_{2i}\,, \qquad f'_{2i} = e_{2i} + f_{2i-1} - f_{2i}$$

für $i \leq s$

$$e'_i = e_i\,, \quad f'_i = f_i + e_i\,, \quad \text{wenn } 2s < i \leq m$$

$$e'_i = e_i\,, \quad f'_i = f_i\,, \quad \text{wenn } i > m$$

Die neue symplektische Basis $e'_1, \ldots, e'_n, f'_1, \ldots, f'_n$ hat die Eigenschaft

$$\psi_0(e'_i) = \psi_0(f'_i) = 0 \qquad i = 1, 2, \ldots, n$$

Fall 2. $d(\psi) \neq 0$. Nach geeigneter Umordnung erhält man eine symplektische Basis $e_1, \ldots, e_n, f_1, \ldots, f_n$ von $H_k(X,\mathbb{Z})$ so dass

$$\psi_0(e_i) = \psi_0(f_i) = 1 \qquad i \leq 2s+1$$

$$\psi_0(e_i) = 0\,, \quad \psi_0(f_i) = 1 \qquad 2s+1 < i \leq m$$

$$\psi_0(e_i) = \psi_0(f_i) = 0 \qquad m < i \leq n$$

Eine ähnliche Basistransformation wie im Fall 1 liefert eine symplektische Basis $e'_1, \ldots, e'_n, f'_1, \ldots, f'_n$ von $H_k(X,\mathbb{Z})$, so dass

$$\psi_0(e_1') = \psi_0(f_1') = 1 \quad , \quad \psi_0(e_i') = \psi_0(f_i') = 0 \qquad i > 1$$

Nach SMALE [67] Theorem 1.2 ist für $k > 2$ die Mannigfaltigkeit $X$ ein Henkelkörper aus $\mathcal{H}(k)$. Dann lässt sich nach WALL [73] Theorem 1 und KERVAIRE [36] jede Basis von $H_k(X,\mathbb{Z})$ durch Einbettungen von Sphären $S^k$ mit der richtigen geometrischen Schnittzahl realisieren. Im vorliegenden Fall lassen sich die Klassen $e_i'$, $f_i'$ also realisieren durch Einbettungen von Sphären, so dass nur die zu $e_i'$ und $f_i'$ gehörigen Sphären einen gemeinsamen Punkt besitzen. Zu den eingebetteten Sphären wähle man abgeschlossene Tubenumgebungen, $U_i$ zu $e_i'$, $V_i$ zu $f_i'$, so dass $U_i \cap V_j = \emptyset$ für $i \neq j$. $U_i \cup V_i$ erhält man bei geeigneter Wahl der Einbettung und der Tubenumgebung durch Verkleben zweier $D^k$-Bündel über $S^k$. Diese Bündel sind im Falle 1 immer trivial, daher ist der Rand gleich $S^{2k-1}$. Im Falle 2 erhält man $U_1 \cup V_1$ durch Verkleben zweier Exemplare des Einheitstangentialbündels von $S^k$, der Rand ist eine KERVAIRE-Sphäre. In beiden Fällen werden $\overset{\circ}{\overbrace{U_i \cup V_i}}$ aus $X$ herausgenommen und für $i > 1$ die Vollkugel der Dimension $2k$ eingesetzt. Man erhält so einen h-Kobordismus von $\partial X$ und dem Rand von $U_1 \cup V_1$. Daher ist $\partial X$ diffeomorph zu $S^{2k-1}$, wenn $d(\psi) = 0$, und diffeomorph zur $(2k-1)$-dimensionalen KERVAIRE-Sphäre, wenn $d(\psi) \neq 0$.

Ist $k \in \{1, 3, 7\}$, so ist das Normalenbündel der eingebetteten Sphären immer trivial. Der skizzierte Beweis liefert für $k = 3, 7$, dass $\partial X$ immer die Standardsphäre ist. Das gilt auch für $k = 1$.

10.4. Der Satz in 10.3 liefert keine Aussage darüber, ob die KERVAIRE-Sphäre und die Standard-Sphäre diffeomorph sind. Zu dieser Frage zitieren wir das folgende Ergebnis von W. BROWDER [16].

SATZ. Wenn die KERVAIRE-Sphäre $M^{2n-1}(A_2)$ (n ungerade) diffeomorph ist zur Standardsphäre, dann ist $n + 1$ eine Potenz von $2$. $M^{29}(A_2)$ ist diffeomorph zur Standardsphäre (obwohl das Tangentialbündel von $S^{15}$ nicht trivial ist).

Dieser Satz enthält als Korollar den folgenden Satz von E.H. BROWN und F.P. PETERSON [17] .

SATZ. <u>Die Gruppe</u> $bP_{8k+2}$ <u>ist isomorph zu</u> $\mathbb{Z}_2$ <u>für</u> $k \geq 1$ .

Die folgende Liste der Ordnungen von $bP_{n+1}$ für kleine $n$ ist der Arbeit von KERVAIRE-MILNOR [38] entnommen.

| n | 1 | 3 | 5 | 7 | 9 | 11 | 13 | 15 | 17 | 19 |
|---|---|---|---|---|---|---|---|---|---|---|
| Ordnung von $bP_{n+1}$ | 1 | ? | 1 | 28 | 2 | 992 | 1 | 8128 | 2 | 130816 |

## § 11 Sphären als Umgebungsränder von Singularitäten I

11.1. SATZ. $A_k$ sei bezüglich $\{0,2\} \subset 2\mathbb{Z}$ bewertet. Dann ist $M^{2n-1}(A_k)$ eine spezielle $O(n)$-Mannigfaltigkeit über $D^2$ mit Orbitstruktur $[[O(n-2)\ ,\ O(n-1)]]$.

Beweis. ${}_1SS^n$ und $S^n \times S^{n-1}$ sind spezielle $O(n)$-Mannigfaltigkeiten über $D^2$ mit der angegebenen Orbitstruktur. Für ${}_1SS^n$ folgt das z.B. aus der äquivarianten Diffeomorphie zu $W^{2n-1}(2)$ (§ 5.2). Exemplare dieser Bündel werden zu der Mannigfaltigkeit $M^{2n-1}(A_k)$ verklebt, so dass $O(n)$ differenzierbar operiert (vgl. § 6). Die Behauptung sei für $M^{2n-1}(A_{k-1})$ bewiesen. Es wird ein weiterer Baustein $E = {}_1SS^n$ oder $= S^n \times S^{n-1}$ angeklebt. Da für $M^{2n-1}(A_{k-1})$ und E die Behauptung gilt, kann die Eigenschaft "spezielle $O(n)$-Mannigfaltigkeit" höchstens in den Ecken $\Phi(S^{n-1} \times S^{n-1})$ gestört werden, wo $\Phi$ eine der zum Verkleben benutzten Trivialisierungen bezeichnet. Da es nach Definition der differenzierbaren Struktur einen äquivarianten Diffeomorphismus von $S^{n-1} \times S^{n-1} \times (-\varepsilon, \varepsilon)$ auf eine Umgebung von $\Phi(S^{n-1} \times S^{n-1})$ gibt, ist auch $M^{2n-1}(A_k)$ spezielle $O(n)$-Mannigfaltigkeit.

Zur Untersuchung der Verklebung im Orbitraum wird eine geeignete Orbitabbildung angegeben. Es seien $H^+ = \{(x, \sqrt{1-|x|^2}) \mid x \in D^n\}$ und $H^- = \{(x, -\sqrt{1-|x|^2}) \mid x \in D^n\}$. Die zu verklebenden Bündel erhält man durch Identifikation von $H^+ \times S^{n-1}$ und $H^- \times S^{n-1}$ über $H^+ \cap H^-$ mittels der charakteristischen Abbildung, in unserem Falle ist das $\alpha$ (vgl. § 6.2) oder die Identität. Man erhält eine Orbitabbildung von $H^{\pm} \times S^{n-1}$ durch $(x, \pm\sqrt{1-|x|^2}, y) \longmapsto (\pm\sqrt{1-|x|^2}, |x| \langle x,y \rangle)$ $x \in D^n$, $y \in S^{n-1}$. Beide Orbits werden gemäss der Verklebungsvorschrift für die Bündel zusammengesetzt zu $D^2$.

Das Verkleben zweier Bausteine hat für die Orbiträume $D_1^{\,2}$ und $D_2^{\,2}$

die folgende Wirkung: Aus den Exemplaren $D_1^2$ und $D_2^2$ werden die Orbits von $\Phi_1(\mathring{D}_1^n \times S^{n-1})$ bzw. $\Phi_2(\mathring{D}_2^n \times S^{n-1})$ herausgenommen und die entstehenden Ränder nach der Verklebungsvorschrift für die Totalräume identifiziert. $\Phi_1$ und $\Phi_2$ sind die für die Verklebung benutzten Trivialisierungen. Dieser Prozess lässt sich leicht mit Hilfe der angegebenen Orbitabbildungen verfolgen.

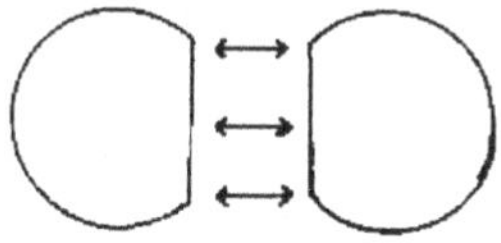

Der neue Raum ist wieder homöomorph zu $D^2$ und daher diffeomorph zu $D^2$ (vgl. § 4).

11.2 SATZ. $A_k$ <u>sei konstant mit</u> 2 <u>bewertet und</u> $n \geq 2$. <u>Dann ist</u> $M^{2n-1}(A_k)$ (<u>äquivariant</u>) <u>diffeomorph zu</u> $W^{2n-1}(k+1)$.

Beweis. Die Fixpunktmenge von $M^{2n-1}(A_k)$ unter $O(n-2)$ ist $M^3(A_k)$. Das ist eine spezielle $O(2)$-Mannigfaltigkeit über $D^2$ mit Orbitstruktur $[[1, O(1)]]$. Diese Mannigfaltigkeiten werden nach dem Korollar in 4.6 durch ihre erste Homologiegruppe klassifiziert. Nach 8.1 und 8.5 ist $H_1(M^3(A_k))$ eine endliche abelsche Gruppe der Ordnung $k+1$. Andererseits ist $H_1(W^3(d)) = \pi_1(W^3(d)) = \mathbb{Z}_d$. Da alle $O(2)$-Mannigfaltigkeiten über $D^2$ diffeomorph zu den $W^3(d)$, $d \in \mathbb{Z}^+$ sind, ist die Behauptung für $n = 2$ richtig. Für $n \geq 3$ folgt die Behauptung aus 4.5 und 5.8.

Bemerkung. Das Argument des Beweises zeigt gleichzeitig, dass für den Fall von reihenförmigen Bäumen $A_k$ mit Bewertung bezüglich $\{0,2\}$ die $O(n)$-Mannigfaltigkeit $M^{2n-1}(A_k)$ allein durch den bewerteten Baum bis auf äquivariante Diffeomorphie eindeutig bestimmt ist. Man muss nur die Determinante des bewerteten Baumes ausrechnen. Zum Beispiel ist $M^{2n-1}(T)$ äquivariant zu $W^{2n-1}(21)$, wenn $T$ der folgende bewertete Baum mit 21-1 Eckpunkten ist

$T =$ 

11.3. $A_k$ sei konstant mit 2 bewertet. Nach 8.6 und Beispiel 1) in 8.5 ist $M^{2n-1}(A_k)$ für ungerades $n \geq 3$ genau dann eine Sphäre, wenn $k$ gerade ist. Diese Sphäre ist die Standard-Sphäre, wenn $k + 1 \equiv \pm 1 \bmod 8$ und die KERVAIRE-Sphäre, wenn $k + 1 \equiv \pm 3 \bmod 8$. Denn in diesem Fall wird eine Basis $e_1, \ldots, e_k \in H_n(\mathfrak{M}^{2n}(A_k), \mathbb{Z})$ gegeben durch die Nullschnitte in den einzelnen Bausteinen, das sind aber gerade $k$ Exemplare des Tangentialbündels von $S^n$. Daher ist das Normalenbündel der Einbettung gleich dem Tangentialbündel von $S^n$ und für $n \neq 1, 3, 7$ nicht trivial. Dann ist die Funktion $\psi_0 : H_n(\mathfrak{M}^{2n}(A_k), \mathbb{Z}) \longrightarrow \mathbb{Z}_2$ definiert durch $\psi_0(e_1) = \psi_0(e_2) = \ldots = \psi_0(e_k) = 1$ (vgl. 10.3.). Aus den Eigenschaften von $\psi_0$ (s. § 10) folgt, dass man $\psi_0$ aus der nicht-singulären geraden quadratischen Form $S_{A_k}$ durch Reduktion mod 2 erhält (vgl. § 9.6). Dann ist die ARFsche Invariante $d(\varphi)$ nach Definition gleich $d(S_{A_k})$. Die Werte von $d(S_{A_k})$ sind in 9.8 angegeben. Nach § 10 ist $M^{2n-1}(A_k)$ ($n$ ungerade, $k$ gerade $n \geq 3$) genau dann die KERVAIRE-Sphäre, wenn $d(S_{A_k}) = 1$ ist. Mit 11.2 ergibt sich für die Mannigfaltigkeiten $W^{2n-1}(d)$.

SATZ. <u>Es sei</u> $n$ <u>ungerade und</u> $n \geq 3$. <u>Dann ist</u> $W^{2n-1}(2k+1)$ <u>eine Sphäre aus</u> $bP_{2n}$. <u>Wenn</u> $2k + 1 \equiv \pm 1 \bmod 8$, <u>ist</u> $W^{2n-1}(2k+1)$ <u>diffeomorph zur Standard-Sphäre. Wenn</u> $2k + 1 \equiv \pm 3 \bmod 8$, <u>ist</u> $W^{2n-1}(2k+1)$ <u>diffeomorph zur KERVAIRE-Sphäre. Insbesondere ist</u> $W^{2n-1}(2k+1)$ <u>nicht diffeomorph zur Standard-Sphäre, wenn</u> $2k + 1 \equiv \pm 3 \bmod 8$ <u>und</u> $n + 1$ <u>keine Potenz von</u> 2 <u>ist</u>.

$W^{2n-1}(3)$ ($n$ ungerade) war das erste Beispiel einer sphärischen Singularität und wurde von BRIESKORN [14] gefunden.

## § 12 Die ganzzahlige Homologie gewisser affin algebraischer Mannigfaltigkeiten

12.1. Es sei $a = (a_0, a_1, \dots, a_n)$ ein (n+1)-Tupel natürlicher Zahlen $\geq 2$. PHAM untersucht in [59] die singularitätenfreie algebraische Untermannigfaltigkeit $V_a$ von $\mathbb{C}^{n+1}$, die gegeben wird durch die Gleichung

$$z_0^{a_0} + z_1^{a_1} + \dots + z_n^{a_n} = 1 .$$

Es bezeichne $G_{a_j}$ die zyklische (multiplikativ geschriebene) Gruppe der Ordnung $a_j$ mit erzeugendem Element $w_j$, und es sei $\varepsilon_j = \exp(2\pi i/a_j)$, $j = 0, \dots, n$. Die Gruppe $G_a = G_{a_0} \times G_{a_1} \times \dots \times G_{a_n}$ operiert auf $V_a$ durch

$$(w_0^{k_0} \dots w_n^{k_n})(z_0, z_1, \dots, z_n) = (\varepsilon_0^{k_0} z_0, \varepsilon_1^{k_1} z_1, \dots, \varepsilon_n^{k_n} z_n) ,$$

$w_0^{k_0} \dots w_n^{k_n} \in G_a$ und $(z_0, \dots, z_n) \in V_a$.

Zur Bestimmung der Homologie von $V_a$ führt PHAM den Unterraum

$$U_a = \{ z \mid z \in V_a , \; z_j^{a_j} \text{ reell } \geq 0 \text{ für } j = 0, 1, \dots, n \}$$

von $V_a$ ein.

SATZ. $U_a$ <u>ist Deformationsretrakt von</u> $V_a$. <u>Die Deformation ist mit dem Operieren von</u> $G_a$ <u>verträglich</u>.

Beweis. Es werden zunächst die folgenden Räume eingeführt:

$$X = \{ z \mid z \in \mathbb{C}^{n+1} , \; \Sigma z_i = 1 \} ,$$

$$X^R = \{ z \mid z \in \mathbb{R}^{n+1} , \; \Sigma z_i = 1 \} ,$$

$$S_i = \{ z \mid z \in X , \; \mathrm{Re}\, z_i = 0 \} , \quad S_i^R = X^R \cap S_i ,$$

$$S_{i_0 \dots i_k} = S_{i_0} \cap S_{i_1} \cap \dots \cap S_{i_k} , \quad \{ i_0, \dots, i_k \} \subset \{ 0, \dots, n \} ,$$

$$S^+_{i_0 \dots i_k} = \{ z \mid z \in S_{i_0 \dots i_k} , \; \mathrm{Re}\, z_j \neq 0 \text{ für } j \neq i_0, \dots, i_k \} ,$$

$$\Delta = \{ x \mid x \in \mathbb{R}^{n+1} , \Sigma x_i = 1 , x_i \geq 0 \} ,$$
$$\Delta_i = \{ x \mid x \in \Delta , x_i = 0 \} , i = 0,1,\dots,n .$$

Die Abbildung $\pi : V_a \longrightarrow X$ , die definiert ist durch $\pi(z_0,z_1,\dots,z_n) = (z_0^{a_0},z_1^{a_1},\dots,z_n^{a_n})$ bildet $U_a$ auf $\Delta$ ab. $\Delta$ ist Deformationsretrakt von $X$ mit einer Deformation, bei der die $S_{i_0\dots i_k}$ in sich übergehen für alle $\{ i_0,i_1,\dots,i_k\} \subset \{0,1,\dots,n\}$ : Dazu wird $X$ auf $X^R$ deformiert, indem die Imaginärteile in den einzelnen Koordinaten gleichzeitig auf Null gebracht werden. Zur Angabe einer Deformation $H : X^R \times [0,1] \longrightarrow X^R$ wird $f : \mathbb{R} \longrightarrow \mathbb{R}$ definiert durch $f(x) = 0$ für $x \leq 0$ und $f(x) = x$ für $x \geq 0$ . Die Abbildung $r : X^R \longrightarrow \Delta$ mit

$$r(x_0,x_1,\dots,x_n) = \frac{1}{f(x_0)+\dots+f(x_n)}(f(x_0),\dots,f(x_n))$$

ist eine Retraktion der gesuchten Art, und $H$ wird definiert:

$$H(z,t) = t\ r(z) + (1-t)z , \quad t \in [0,1] \text{ und } z \in X^R .$$

Die Deformation von $X$ auf $\Delta$ soll zu einer Deformation von $V_a$ auf $U_a$ hochgehoben werden. Die $S_i$ zerlegen $X$ in Unterräume $U_{s_0 s_1\dots s_n}$ , wo $s_\nu = +$ oder $s_\nu = -$ , die definiert sind durch

$$U_{s_0 s_1\dots s_n} = \{ z \mid z \in X , \text{ sign Re } z_\nu = s_\nu , \nu = 0,\dots,n \} ,$$

und es sei $U^+_{s_0\dots s_n} = U_{s_0\dots s_n} - \cup S_i$ .

Eine Abbildung $t : U_{s_0\dots s_n} \longrightarrow V_a$ mit $\pi \circ t = \mathrm{Id}$ ist durch den Wert $t(x)$ für ein $x \in U^+_{s_0\dots s_n}$ eindeutig bestimmt. Zu zwei Abbildungen $t$ und $\tilde{t}$ dieser Art gibt es ein $w \in G_a$ , so daß für alle $x \in U_{s_0\dots s_n}$ gilt $\tilde{t}(x) = w\cdot t(x)$ . Sind $s : U_{s_0\dots s_n} \longrightarrow V_a$ und $t : U_{t_0\dots t_n} \longrightarrow V_a$ stetige Abbildungen mit $\pi \circ s = \mathrm{Id}$ und $\pi \circ t = \mathrm{Id}$ und gilt $t(x) = s(x)$ für ein $x \in U_{s_0\dots s_n} \cap U_{t_0\dots t_n}$ und ist

$x \in S^+_{i_0 \dots i_k}$ , dann ist $t(x) = s(x)$ für alle
$x \in S_{i_0 \dots i_k} \cap U_{s_0 \dots s_n} \cap U_{t_0 \dots t_n}$ . Denn eine i-te Wurzel ist durch die Vorgabe des Wertes in einem Punkt $w$ mit $\operatorname{Re} w \gtrless 0$ in der durch $w$ bestimmten Halbebene $\{z \mid z \in \mathbb{C}$ , $\operatorname{sign} \operatorname{Re} z = \operatorname{sign} \operatorname{Re} w\}$ eindeutig bestimmt.

Da die angegebene Deformation von $X$ die $S_{i_0 \dots i_k}$ für alle $\{i_0, \dots, i_k\} \subset \{0, \dots, n\}$ in sich deformiert, läßt sie sich über jedem $U_{s_0 \dots s_n}$ zu einer Deformation von $\pi^{-1}(U_{s_0 \dots s_n})$ hochheben, und diese Deformationen stimmen auf dem Durchschnitt ihrer Definitionsbereiche überein.

12.2. Für $z_j \in \mathbb{C} - \{0\}$ ist $z_j^{a_j}$ reell $\geq 0$ genau dann, wenn $z_j = u_j |z_j|$ mit $u_j^{a_j} = 1$ , d.h. $u_j$ ist $a_j$-te Einheitswurzel. $\hat{G}_{a_j}$ sei die Gruppe der $a_j$-ten Einheitswurzeln. Mit diesen Bezeichnungen ist $U_a$ der Raum der (n+1)-Tupel komplexer Zahlen $(u_0 t_0, u_1 t_1, \dots, u_n t_n)$ mit $u_j \in \hat{G}_{a_j}$ , $t_j \geq 0$ und $\sum_{i=0}^{n} t_j = 1$ . Deshalb läßt sich $U_a$ mit dem "Join" $G_{a_0} * G_{a_1} * \dots * G_{a_n}$ identifizieren, und diese Identifizierung ist mit dem Operieren von $G_a$ verträglich. Wir erinnern kurz an die Definition und einige Eigenschaften des Join, die wir nach J. MILNOR [52] zitieren.

DEFINITION. Es seien $A_0, A_1, \dots, A_n$ topologische Räume. In der Menge der (n+1)-Tupel von Paaren

$$((x_0,t_0),(x_1,t_1),\dots,(x_n,t_n)) \ , \ x_i \in A_i \ , \ t_j \in [0,1] \ , \ \Sigma t_i = 1$$

werden $((x_0,t_0),(x_1,t_1),\dots,(x_n,t_n))$ und $((x'_0,t'_0),(x'_1,t'_1),\dots,(x'_n,t'_n))$ identifiziert genau dann, wenn

$t_i = t_i'$ für $i = 0,1,\ldots,n$ und außerdem $x_i = x_i'$ für alle $t_i > 0$. Die so definierte Menge heißt Join von $A_0, A_1, \ldots, A_n$ und wird mit $A_0 * A_1 * \ldots * A_n$ bezeichnet.

$A_0 * \ldots * A_n$ wird mit der Identifikationstopologie von $A_0 \times \ldots \times A_n \times \Delta_n$ ausgestattet. Es gelten die folgenden beiden Sätze, die in [52] § 2 bewiesen sind.

SATZ. $A,B$ <u>seien topologische Räume. Für die ganzzahlige singuläre Homologie gilt:</u>

$$\tilde{H}_{r+1}(A*B) = \sum_{i+j=r} \tilde{H}_i(A) \otimes \tilde{H}_j(B) + \sum_{i+j=r-1} \mathrm{Tor}(\tilde{H}_i(A), \tilde{H}_j(B)) .$$

SATZ. <u>Der Join von</u> $n+1$ <u>nicht-leeren topologischen Räumen ist</u> $(n-1)$-<u>zusammenhängend.</u>

Für $V_a$ erhält man damit:

SATZ. $V_a$ <u>ist für</u> $n \geq 2$ <u>einfach zusammenhängend.</u>

$\tilde{H}_i(V_a) = 0$ <u>für</u> $i = 0,1,\ldots,n-1$.

$\tilde{H}_n(V_a)$ <u>ist freie abelsche Gruppe vom Rang</u> $\prod_{j=0}^{n} (a_j - 1)$.

Bemerkung. Wir haben uns im vorstehenden auf die Arbeit von MILNOR bezogen. Man kann das Ergebnis auch wie folgt erhalten. Für endliche Polyeder $A,B$ mit Basispunkten $a_0, b_0$ ist der Join $A*B$ homotopieäquivalent zum reduzierten Join $A \tilde{*} B$, der aus $A*B$ hervorgeht, indem man $\{a_0\}*B \cup A*\{b_0\}$ (die Vereinigung zweier Kegel mit gemeinsamer Mantellinie $\{a_0\}*\{b_0\}$) auf einen Punkt zusammenzieht. Der Beweis ergibt sich aus der Tatsache, daß $\{a_0\}*B \cup A*\{b_0\}$ zusammenziehbar ist. Nun ist $A \tilde{*} B = S^1 \wedge A \wedge B$, wo $\wedge$ das reduzierte cartesische Produkt ("smash") ist. Daraus folgt, daß $\tilde{*}$ kommutativ und assoziativ ist und distributiv bezüglich der Operation $\vee$ ist ($A_1 \vee A_2$ gleich Vereinigung mit Identifikation der Basispunkte). Nun war der Raum $G_{a_0} * \ldots * G_{a_n}$ zu bilden. Offensichtlich ist

$G_{a_j} = S^0 \vee \ldots \vee S^0$ mit $a_j - 1$ "Summanden" $S^0$. Da $*$ eine zu $\tilde{*}$ homotopie-äquivalente Operation ist, folgt aus der Distributivität, daß $G_{a_0} * \ldots * G_{a_n}$ homotopie-äquivalent ist zu $S^n \vee \ldots \vee S^n$ mit $(a_0-1)(a_1-1)\ldots(a_n-1)$ Summanden. Hierbei ist nur zu bemerken, daß $\underbrace{S^0 * \ldots * S^0}_{n+1} = S^n$.

12.3. $U_a = G_{a_0} * G_{a_1} * \ldots * G_{a_n}$ ist ein n-dimensionaler simplizialer Komplex mit einem n-Simplex für jedes Element von $G_a$. Mit $e$ wird das der $1 \in G_a$ entsprechende n-Simplex bezeichnet. Alle anderen n-Simplizes von $U_a$ erhält man aus $e$ durch Operieren von $G_a$. Daher ist die n-dimensionale simpliziale Kettengruppe gerade $C_n(U_a) = \mathbb{Z}(G_a)e$, wo mit $\mathbb{Z}(G_a)$ der Gruppenring von $G_a$ bezeichnet wird. $\tilde{H}_n(U_a)$ ist eine additive Untergruppe von $C_n(U_a)$. Das Operieren von $G_a$ auf dem simplizialen Kettenkomplex ist mit dem Randoperator $\partial_j : C_n(U_a) \longrightarrow C_{n-1}(U_a)$ verträglich. Für $w_j \in G_{a_j}$ gilt insbesondere $\partial_j w_j = \partial_j$, $j=0,1,\ldots,n$. Daher ist $h = (1-w_0)(1-w_1)\cdots(1-w_n)e$ ein Zykel. Es soll gezeigt werden, daß $\tilde{H}_n(U_a) = \mathbb{Z}(G_a)h$ ist:

$I_a$ sei der Kern der Abbildung $\mathbb{Z}(G_a) \longrightarrow \mathbb{Z}(G_a)h$, die definiert ist durch $w \longmapsto wh$ für alle $w \in \mathbb{Z}(G_a)$. Durch vollständige Induktion über $n$ wird bewiesen, daß $I_a$ das Ideal von $\mathbb{Z}(G_a)$ ist, das von den Elementen

$$1 + w_j + w_j^2 + \ldots + w_j^{a_j - 1} \quad , \quad j = 0,1,\ldots,n$$

erzeugt wird.

Damit ist gezeigt, daß $\mathbb{Z}(G_a)h$ den Rang $\prod_j(a_j-1)$ hat. Man sieht leicht, daß $I_a$ direkter Summand von $\mathbb{Z}(G_a)$ ist. Mit diesen Informationen und 12.2. folgt

SATZ. Der Homomorphismus $\mathbb{Z}(G_a) \longrightarrow \mathbb{Z}(G_a)h$ , der definiert ist durch $w \longmapsto wh$ liefert einen Isomorphismus

$$\mathbb{Z}(G_a)/I_a \cong \mathbb{Z}(G_a)h = \tilde{H}_n(V_a) \quad .$$

$I_a$ ist das von $1+w_j+\ldots+w_j^{a_j-1}$ , $j=0,1,\ldots,n$ erzeugte Ideal.

Daher bilden die Elemente $w_o^{k_o}w_1^{k_1}\ldots w_n^{k_n}h$ mit $0 \leq k_j \leq a_j-2$ für alle $j \in \{0,1,\ldots,n\}$ eine Basis von $\tilde{H}_n(V_a)$ .

12.4. Es soll die Schnittform von $V_a$ nach PHAM [59] berechnet werden. Dazu betrachten wir eine Familie von differenzierbaren Kurven $\gamma_s : \mathbb{R} \longrightarrow \mathbb{C}$, $0 \leq s \leq n+2$ , die durch die folgende Skizze veranschaulicht wird.

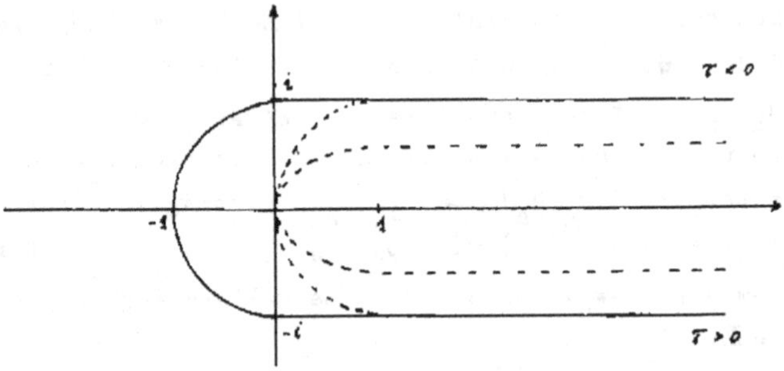


Zur genauen Beschreibung dieser Kurvenschar wird die $C^\infty$-Funktion $\beta : \mathbb{R} \longrightarrow \mathbb{R}$ eingeführt mit dem Graphen

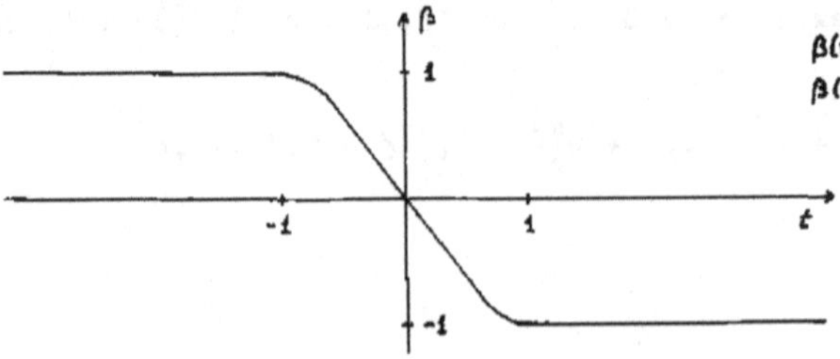


$\beta(t) = 1$ für $t \leq -1$
$\beta(t) = -1$ für $t \geq 1$

Dann wird definiert:

$$\gamma_s(t) = s\, t^2 - \frac{s-1}{n+1} + i\,\beta(\sqrt{s}\, t) \qquad \text{für } 1 \le s \le n+2 \;,\; t \in \mathbb{R}$$

$$\gamma_s(t) = t^2 + is\beta(t) \qquad \text{für } 0 \le s \le 1 \;,\; t \in \mathbb{R}\;.$$

Die Abbildung $\psi : S^n \times [0,n+2] \longrightarrow V_a$ soll jedem $(\tau_0,\dots,\tau_n;s)$ den Punkt $(z_0,\dots,z_n) = \psi_s(\tau_0,\dots,\tau_n) \in V_a$ zuordnen, der definiert ist durch

$$\operatorname{Re} z_j^{a_j} = \operatorname{Re} \gamma_s(\tau_j)$$

$$\operatorname{Im} z_j^{a_j} = \operatorname{Im} \gamma_s(\tau_j) - \Big(\sum_{k=0}^{n} \operatorname{Im} \gamma_s(\tau_k)\Big) \operatorname{Re} \gamma_s(\tau_j)\;,$$

(beachte, daß $\sum_{j=0}^{n} \operatorname{Re} \gamma_s(\tau_j) = 1$ ) und $z_j$ hat das Argument

$$-\frac{\pi}{2a_j} < \operatorname{Arg} z_j \le \frac{\pi}{2a_j} \qquad \text{wenn } \operatorname{Re} \gamma_s(\tau_j) \ge 0 \text{ und } \tau_j \le 0$$

$$\frac{\pi}{2a_j} \le \operatorname{Arg} z_j \le \frac{3\pi}{2a_j} \qquad \text{wenn } \operatorname{Re} \gamma_s(\tau_j) \le 0$$

$$\frac{3\pi}{2a_j} \le \operatorname{Arg} z_j < \frac{5\pi}{2a_j} \qquad \text{wenn } \operatorname{Re} \gamma_s(\tau_j) \ge 0 \text{ und } \tau_j \ge 0\;.$$

Insbesondere ist $\psi_0(\tau_0,\dots,\tau_n) = (z_0,\dots,z_n)$ mit $\operatorname{Re} z_j^{a_j} = \tau_j^2$, $\operatorname{Im} z_j^{a_j} = 0$ und $z_j$ hat das Argument $0$ , wenn $\tau_j \le 0$ und $\frac{2\pi}{a_j}$ ,wenn $\tau_j \ge 0$ . Wir schreiben $\tilde{\varphi}$ für $\psi_0$ und $\varphi$ für $\psi_{n+2}$ . Es ist $\tilde{\varphi}(\tau_0,\dots,\tau_n) = (\varepsilon_0 \sqrt[a_0]{\tau_0^2},\dots,\varepsilon_n \sqrt[a_n]{\tau_n^2})$ mit $\varepsilon_j = 1$ , wenn $\tau_j \le 0$ und $\varepsilon_j = w_j$ , wenn $\tau_j \ge 0$ .

Auf $S^n$ ist in natürlicher Weise eine Triangulierung gegeben mit den Eckpunkten $e_0,\dots,e_n,-e_0,\dots,-e_n$ , wo $e_0,\dots,e_n$ die Standard-Basis des $\mathbb{R}^{n+1}$ ist. $\tilde{\varphi}$ bildet das Simplex $(\pm e_0,\pm e_1,\dots,\pm e_n)$ in

$S^n$ auf $\varepsilon_o \dots \varepsilon_n e$ ab, wo $\varepsilon_j = 1$ oder $\varepsilon_j = w_j$ je nachdem ob $+e_j$ oder $-e_j$ Ecke in dem gegebenen Simplex ist. Die angegebene Triangulierung von $S^n$ wird mit dem Bild unter $\tilde{\varphi}$ kohärent orientiert. $\Sigma^n$ bezeichne den so gegebenen Fundamentalzykel $(-1)^{n+1}(e_o,\dots,e_n) + (-1)^n(-e_o,e_1,\dots,e_n) + \dots + (-e_o,-e_1,\dots,-e_n)$. Dann ist $\tilde{\varphi}_*(\Sigma^n) = h$, wo $\tilde{\varphi}_*$ die durch $\tilde{\varphi}$ induzierte Kettenabbildung bezeichnet.

Das Bild von $\Sigma^n$ unter $\varphi_\#$ wird mit $\tilde{h}$ bezeichnet. Da $\varphi$ und $\tilde{\varphi}$ homotop sind, gilt das

LEMMA. $\tilde{h}$ <u>ist homolog zu</u> $h$.

12.5. $\tilde{h}$ hat mit $U_a$ genau zwei Punkte gemeinsam. Denn wenn $\varphi(\tau_o,\dots,\tau_n)$ in $U_a$ liegt, dann ist

1) $\beta(\sqrt{n+2}\ \tau_j) = 1$ für $j=0,1,\dots,n$ oder

2) $\beta(\sqrt{n+2}\ \tau_j) = -1$ für $j=0,1,\dots,n$.

In beiden Fällen ist $(n+2)\tau_j^2 - 1 = \frac{1}{n+1}$, und im Falle 1) ist $\tau_o = \tau_1 = \dots = \tau_n = -\sqrt{\frac{1}{n+1}}$, und im Falle 2) ist $\tau_o = \tau_1 = \dots = \tau_n = \sqrt{\frac{1}{n+1}}$. Die beiden Schnittpunkte sind

$$s_1 = ((\frac{1}{n+1})^{1/a_0},\dots,(\frac{1}{n+1})^{1/a_n})$$

$$s_2 = (+(\frac{1}{n+1})^{1/a_0}\exp\frac{2\pi i}{a_0},\dots,(\frac{1}{n+1})^{1/a_n}\exp\frac{2\pi i}{a_n}) .$$

Berechnung der Schnittmultiplizitäten: In der Umgebung der Schnittpunkte $s_1$ und $s_2$ in $V_a$ ist die Abbildung $\pi : V_a \longrightarrow X$ (vgl. 12.1.) eineindeutig und orientierungserhaltend, so daß man die Schnittmultiplizitäten in $X$ berechnen kann. Der Tangentialraum an $X$ in $\pi(s_1) = \pi(s_2)$ wird als reeller Vektorraum aufgespannt von $a_1' = -a_0 + a_1$,

$c_1' = -c_0 + c_1, \dots, a_n' = -a_0 + a_n$ , $c_n' = -c_0 + c_n$ , wo $a_0, \dots, a_n$ die Standard-Basis von $\mathbb{C}^{n+1}$ ist und $c_j = ia_j$ , $j=0,1,\dots,n$ . Diese Basis liefert die durch die komplexe Struktur definierte kanonische Orientierung. Der Tangentialraum an die Zelle $\pi(e) = \pi(w_0 \dots w_n e)$ in $\pi(s_1) = \pi(s_2)$ ist orientiert durch die Basis $a_1', \dots, a_n'$ . Jedoch ist zu beachten, daß die Orientierung des Simplexes $w_0 \dots w_n e$ in dem Zykel $h$ sich von dieser Orientierung um den Faktor $(-1)^{n+1}$ unterscheidet. Der Tangentialraum an $S^n$ in $-1/\sqrt{n+1}(e_0 + \dots + e_n)$ (bzw. $1/\sqrt{n+1}(e_0 + \dots + e_n)$) wird aufgespannt von $-e_0+e_1$ , $-e_0+e_2, \dots,$ $-e_0+e_n$ . Unter dem Differential $(\pi \circ \tilde{\varphi})_*$ geht $-e_0+e_k$ über in

$$-\frac{2}{\sqrt{n+1}}(-a_0 + a_k) = -\frac{2}{\sqrt{n+1}} a_k' \quad (\text{bzw. } \frac{2}{\sqrt{n+1}} a_k') .$$

D. h. die angegebene Basis des Tangentialraumes liefert eine Orientierung, die sich von der induzierten Orientierung um $(-1)^n$ (bzw. $(-1)^{n+1}$) unterscheidet. Das Differential $(\pi \circ \varphi)_*$ führt $-e_0+e_k$ aus dem Tangentialraum an $S^n$ in $-1/\sqrt{n+1}(e_0+\dots+e_n)$ (bzw. $1/\sqrt{n+1}(e_0+\dots+e_n)$) über in

$$\frac{2(n+2)}{\sqrt{n+1}}(a_0 - a_k) + \frac{2(n+2)}{\sqrt{n+1}}(n+1)(-c_0 + c_k) = \frac{2(n+2)}{\sqrt{n+1}}(-a_k' + (n+1)c_k')$$

$$(\text{bzw. } \frac{2(n+2)}{\sqrt{n+1}}(a_k' + (n+1)c_k') ) \qquad k = 1,2,\dots,n \quad .$$

Damit erhält man die Schnittmultiplizitäten:

$$e \circ \tilde{h} = (-1)^n(-1)^{n(n-1)/2}$$

$$w_0 \dots w_n e \circ \tilde{h} = (-1)^{n+1}(-1)^{n(n-1)/2} \quad .$$

Sind $x,y \in G_a$ und $\eta = (1-w_0)\dots(1-w_n)$ , dann ist

$$xh \circ y\tilde{h} = y^{-1}x\eta\, e \circ \tilde{h} = (-1)^n(-1)^{n(n-1)/2} \text{ , wenn } y^{-1}x\eta = 1$$

$$= -(-1)^n(-1)^{n(n-1)/2} \text{ , wenn } y^{-1}x\eta = w_0 \dots w_n \; .$$

Mit diesen Überlegungen erhält man die Schnittform $S$ .

**SATZ.** Es sei $\eta = (1-w_o)(1-w_1)\ldots(1-w_n)$ . Die Bilinearform S über $\tilde{H}_n(V_a) = \mathbb{Z}(G_a)\,h$ wird gegeben durch

$$S(xh,yh) = \varepsilon(\bar{y}x\eta)\ , \quad (x,y \in \mathbb{Z}(G_a))\ ,$$

wo $\varepsilon : \mathbb{Z}(G_a) \longrightarrow \mathbb{Z}$ den additiven Homomorphismus bezeichnet mit

$$\varepsilon(1) = -\varepsilon\,(w_o w_1 \ldots w_n) = (-1)^n(-1)^{n(n-1)/2}$$

$$\varepsilon(w) = 0 \quad \text{für} \quad w \in G_a\ , \ w \neq 1\ , \ w \neq w_o \ldots w_n\ .$$

$y \longmapsto \bar{y}$ ist der Ring-Automorphismus von $\mathbb{Z}(G_a)$ , der durch die Abbildung $w \longmapsto w^{-1}$ , $w \in G_a$ , induziert wird.

## § 13 Ganzzahlige quadratische Formen

In diesem Paragraphen werden einige Tatsachen über quadratische Formen zusammengestellt, die im folgenden gebraucht werden. Der Paragraph ist rein algebraischer Natur und weitgehend unabhängig von der übrigen Vorlesung.

13.1. Es sei $M$ ein endlich-erzeugter freier $\mathbb{Z}$-Modul und $f : M \times M \longrightarrow \mathbb{Z}$ eine symmetrische Bilinearform. Die Abbildung $q : M \longrightarrow \mathbb{Z}$, $q(x) = f(x,x)$ heißt die zu $f$ gehörige quadratische Form. $f$ ist vollständig durch $q$ bestimmt:

$$f(x,y) = 1/2(q(x+y)-q(x)-q(y)) .$$

Die quadratische Form $q$ heißt <u>nicht-degeneriert</u>, wenn die durch $f$ definierte kanonische Abbildung $E \longrightarrow E^*$ injektiv ist, sie heißt <u>nicht-singulär</u>, wenn die Abbildung $E \longrightarrow E^*$ bijektiv ist.

Wählt man eine Basis von $M$, so wird $f$ durch eine symmetrische Matrix $X$ beschrieben. Da sich $X$ bei einem Basiswechsel unimodular transformiert: $X' = Y^t XY$ ; $\det Y = \pm 1$, ist die Determinante von $X$ eindeutig bestimmt.

Sei $\overline{M} = M/2M$ die Reduktion von $M$ modulo $2$. Dann ist $\overline{M}$ Vektorraum über dem Körper $\mathbb{F}_2 = \mathbb{Z}/2\mathbb{Z}$. Die nicht-singuläre symmetrische Bilinearform $f$ auf $M$ definiert auf $\overline{M}$ eine symmetrische Bilinearform $\overline{f}$, die ebenfalls nicht-singulär ist. Offenbar gilt

$$\overline{f}(\bar{x}+\bar{y},\bar{x}+\bar{y}) = \overline{f}(\bar{x},\bar{x}) + \overline{f}(\bar{y},\bar{y}) ,$$

d.h. $\overline{f}$ ist Element des Dualraumes von $\overline{M}$. Da $\overline{f}$ einen Isomorphismus $\overline{M} \cong \overline{M}^*$ induziert, gibt es ein Element $\bar{u} \in \overline{M}$ mit

$$\overline{f}(\bar{u},\bar{x}) = \overline{f}(\bar{x},\bar{x}) \quad \text{für alle} \quad \bar{x} \in \overline{M} .$$

In $M$ existiert also ein modulo $2M$ definiertes Element $u$, mit

$$f(u,x) \equiv f(x,x) \pmod 2 .$$

$f(u,u)$ ist modulo 8 wohlbestimmt, denn

$$f(u+2v,u+2v) = f(u,u) + 4(f(u,v) + f(v,v)) \equiv f(u,u) \bmod 8 .$$

Das Element $\sigma(f) = f(u,u) \in \mathbb{Z}/8\mathbb{Z}$ ist also eine Invariante der quadratischen Form $(M,f)$.

Ist $f$ eine nicht-singuläre quadratische Form über $\mathbb{Z}$, so ist die Anzahl $\tau^+$ der positiven Koeffizienten und die Anzahl $\tau^-$ der negativen Koeffizienten von $f$ in einer Diagonalisierung von $f$ über $\mathbb{R}$ wohlbestimmt. $\tau = \tau^+ - \tau^-$ heißt Signatur von $f$.

SATZ. Für jede nicht-singuläre quadratische Form $(M,f)$ gilt

$$\sigma(f) = \tau(f) \pmod 8 .$$

Beweis. (VAN DER BLIJ [10] ) O.B.d.A. sei $M$ das Gitter der ganzzahligen Vektoren im $\mathbb{R}^n$. Es sei $u \in M$ wie eben gewählt. Wir betrachten die Funktion

$$F(t) = \exp(\pi i f(t+\tfrac{1}{2}u, t+\tfrac{1}{2}u)) .$$

Da die quadratische Form $f$ nicht-singulär ist, bilden die Funktionen $\exp(-2\pi i f(t,m))$ ; $m \in M$ eine Orthonormalbasis im Hilbertraum der summierbaren periodischen Funktionen. Die Fourierentwicklung von $F(t)$ nach diesen Funktionen ist also:

$$\sum_{m \in M} \Big( \int_T \exp(\pi i f(t+\tfrac{1}{2}u, t+\tfrac{1}{2}u)) \exp(-2\pi i f(t,m))\, dt \Big) \exp(-2\pi i f(t,m)) .$$

Dabei sei $T$ ein Fundamentalbereich für $M$, der den Nullpunkt in seinem Inneren enthält. Dann konvergiert diese Fourierreihe im Nullpunkt gegen $F(0)$, d.h.

$$\exp(\pi i f(\tfrac{1}{2}u,\tfrac{1}{2}u)) = \sum_{m\in M} \int_T \exp(\pi i f(t+\tfrac{1}{2}u,t+\tfrac{1}{2}u)) \exp(-2\pi i f(t,m))\,dt .$$

Es ist $f(t+\frac{1}{2}u,t+\frac{1}{2}u) - 2f(t,m) =$

$$f(t+\tfrac{1}{2}u-m,t+\tfrac{1}{2}u-m) - f(m,m) + f(m,u) .$$

Nach Definition des Vektors $u$ ist $-f(m,m) + f(m,u)$ gerade, also

$$\exp(\pi i f(\tfrac{1}{2}u,\tfrac{1}{2}u)) = \sum_{m\in M} \int_T \exp(\pi i f(t+\tfrac{1}{2}u-m,t+\tfrac{1}{2}u-m))\,dt$$

$$= \int_{\mathbb{R}^n} \exp(\pi i f(z,z))\,dz .$$

Dabei ist das letzte Integral ein uneigentliches Integral.
Durch eine lineare Transformation der Determinante $\pm 1$ im $\mathbb{R}^n$ können wir die quadratische Form $f$ auf die Gestalt $t_1^2+\ldots+t_k^2-t_{k+1}^2-\ldots-t_n^2$ bringen, wobei $2k-n$ die Signatur ist. Das letzte Integral ist also

$$\int_{-\infty}^{\infty}\cdots\int_{-\infty}^{\infty} \exp(\pi i(t_1^2+\ldots+t_k^2-t_{k+1}^2-\ldots-t_n^2))\,dt_1\ldots dt_n .$$

Mittels des Satzes von Fubini und

$$\int_{-\infty}^{\infty} \exp(\pi i x^2)\,dx = \exp(\pi i/4)$$

$$\int_{-\infty}^{\infty} \exp(-\pi i x^2)\,dx = \exp(-\pi i/4)$$

erhält man die Identität

$$\exp(\pi i f(\tfrac{1}{2}u,\tfrac{1}{2}u)) = \exp(\tfrac{\pi i}{4}\tau) ,$$

also $f(u,u) \equiv \tau \pmod 8$ , q.e.d.

(Andere Beweise dieses Satzes finden sich bei MILNOR [54] und SERRE [64] .)

KOROLLAR. Die quadratische Form $(M,f)$ sei nicht-singulär. Es sei $f$ gerade, d.h. für alle $m \in M$ gelte $f(m,m) \in 2\mathbb{Z}$.
Dann gilt $\tau(f) \equiv 0 \pmod 8$.

Beweis. Offenbar ist $\sigma(f) = 0$..

13.2. Sei $G$ endliche abelsche Gruppe der Ordnung $n$. Es seien $\mathbb{Z}[G]$, $\mathbb{R}[G]$, $\mathbb{C}[G]$ die Gruppenringe von $G$ mit ganzen, reellen, komplexen Koeffizienten. Auf $\mathbb{C}[G]$ ist in kanonischer Weise ein Skalarprodukt definiert durch

$$\langle \sum_{\sigma \in G} \alpha_\sigma \sigma, \sum_{\sigma \in G} \beta_\sigma \sigma \rangle = \sum_{\sigma \in G} \alpha_\sigma \beta_\sigma .$$

Auf $\mathbb{R}[G]$ beschränkt ist dieses Skalarprodukt positiv-definit.

Es sei $$\overline{\sum_{\sigma \in G} \alpha_\sigma \sigma} = \sum_{\sigma \in G} \alpha_\sigma \sigma^{-1} .$$

Die $\mathbb{C}$-lineare Abbildung $\varepsilon : \mathbb{C}[G] \longrightarrow \mathbb{C}$ sei definiert durch $\varepsilon(1) = 1$ ; $\varepsilon(\sigma) = 0$ falls $\sigma \in G - \{1\}$. Offenbar gilt

$$\langle \rho, \eta \rangle = \varepsilon(\rho \cdot \bar{\eta}) \quad , \quad \rho, \eta \in \mathbb{C}[G] .$$

Identifiziert man mittels des Skalarproduktes $\mathbb{C}[G]$ mit seinem Dualraum, so entspricht der Linearform $f : \mathbb{C}[G] \longrightarrow \mathbb{C}$ das Element

$$\hat{f} = \sum_{\sigma \in G} f(\sigma)\sigma$$

des Gruppenringes $\mathbb{C}[G]$ :

$$\langle \hat{f}, \rho \rangle = f(\rho) \quad , \quad \rho \in \mathbb{C}[G] .$$

Es sei $\chi$ ein Charakter von $G$, d.h. ein Homomorphismus $G \longrightarrow \mathbb{C}^*$.

Sei $\eta = \sum \alpha_\sigma \sigma$ ein beliebiges Element von $\mathbb{C}[G]$ . Dann gilt

$$\eta \hat{\chi} = \chi(\bar{\eta})\hat{\chi} \quad ,$$

d.h. $\hat{\chi}$ ist Eigenvektor des Endomorphismus, der durch Multiplikation mit $\eta$ gegeben ist.

Beweis. $\eta\hat{\chi} = (\sum_\sigma \alpha_\sigma \sigma)(\sum \chi(\tau)\tau) = \sum_\sigma \sum_\tau \alpha_\sigma \chi(\tau)\sigma\tau =$

$$= \sum_{\tau'} (\sum_\sigma \alpha_\sigma \chi(\tau'\sigma^{-1})\tau') = (\sum_{\tau'} \chi(\tau')\tau')(\sum_\sigma \alpha_\sigma \chi(\sigma^{-1})) \ .$$

Dabei wurde $\tau' = \sigma\tau$ gesetzt.

Insbesondere gilt also

$$\hat{\chi}_1\hat{\chi}_2 = \begin{cases} 0 & \text{falls } \chi_1 \neq \chi_2 \\ n\hat{\chi}_1 & \text{falls } \chi_1 = \chi_2 \end{cases} \ .$$

Eine ausgezeichnete Orthonormalbasis $\mathfrak{B}'$ von $\mathbb{R}[G]$ wird von folgenden Vektoren gebildet

$$\frac{1}{\sqrt{n}}\hat{\chi} \qquad \text{falls } \chi = \bar{\chi}$$

$$\frac{1}{\sqrt{2n}}(\hat{\chi} + \hat{\bar{\chi}}) \qquad \text{falls } \chi \neq \bar{\chi}$$

$$\frac{i}{\sqrt{2n}}(\hat{\chi} - \hat{\bar{\chi}}) \qquad \text{falls } \chi \neq \bar{\chi} \ .$$

Alle Produkte von zweien dieser Basisvektoren verschwinden mit Ausnahme der folgenden

$$\frac{1}{\sqrt{2n}}(\hat{\chi} + \hat{\bar{\chi}}) \cdot \frac{1}{\sqrt{2n}}(\hat{\chi} + \hat{\bar{\chi}}) = \frac{1}{2}(\hat{\chi} + \hat{\bar{\chi}}) \qquad \text{falls } \chi \neq \bar{\chi}$$

$$\frac{i}{\sqrt{2n}}(\hat{\chi} - \hat{\bar{\chi}}) \frac{i}{\sqrt{2n}}(\hat{\chi} - \hat{\bar{\chi}}) = -\frac{1}{2}(\hat{\chi} + \hat{\bar{\chi}}) \qquad \text{falls } \chi \neq \bar{\chi}$$

$$\frac{1}{\sqrt{2n}}(\hat{\chi} + \hat{\bar{\chi}}) \frac{i}{\sqrt{2n}}(\hat{\chi} - \hat{\bar{\chi}}) = \frac{i}{2}(\hat{\chi} - \hat{\bar{\chi}}) \qquad \text{falls } \chi \neq \bar{\chi}$$

$$\frac{1}{\sqrt{n}}\hat{\chi} \cdot \frac{1}{\sqrt{n}}\hat{\chi} = \hat{\chi} \qquad \text{falls } \chi = \bar{\chi} \ .$$

Mit dieser Tatsache folgt leicht, daß die gewählte Basis tatsächlich eine Orthonormalbasis ist.

Wir wählen $\varphi, \eta \in \mathbb{Z}[G]$ . Es sei $\rho = \eta\bar{\varphi}$. Auf dem $\mathbb{Z}$-Modul $\eta\mathbb{Z}[G]$ definieren wir eine Bilinearform $S = S(\varphi,\eta)$ folgendermaßen

$$S : \eta\mathbb{Z}[G] \times \eta\mathbb{Z}[G] \longrightarrow \mathbb{Z}$$
$$(\eta x, \eta y) \longmapsto (\bar{y} x \rho) \quad .$$

<u>Offenbar gilt</u>

a) S <u>symmetrisch</u> $\Longleftrightarrow \rho = \bar{\rho}$

b) S <u>schiefsymmetrisch</u> $\Longleftrightarrow \rho = -\bar{\rho}$ .

Da S ganzzahlige Koeffizienten hat, ist die Determinante von S wohldefiniert. Außerdem ist im Fall a) die Anzahl der positiven bzw. negativen Koeffizienten, $\tau^+$ bzw. $\tau^-$ , in einer Diagonalisierung von S über $\mathbb{R}$ wohlbestimmt; $\tau = \tau^+ - \tau^-$ heißt Signatur von S .

LEMMA. <u>Es gilt</u>

$$\pm \det S = \prod_{\substack{\chi \\ \chi(\eta)\neq 0}} \chi(\varphi) \cdot \underline{\text{Ordnung der Torsionsuntergruppe}} \quad \text{von } \mathbb{Z}[G]/\eta\mathbb{Z}[G] \; .$$

<u>Im Fall a) gilt</u>

$\tau^+$ = Anzahl der $\chi$ mit $\chi(\rho) > 0$

$\tau^-$ = Anzahl der $\chi$ mit $\chi(\rho) < 0$ .

Beweis. Offenbar gilt $\chi(\eta) = 0 \longleftrightarrow \bar{\chi}(\eta) = 0$ .
Wir beweisen zunächst die Aussage über die Zahlen $\tau^+, \tau^-$ . Dazu betrachten wir folgende Basis von $\eta\mathbb{R}[G]$ :

$$\eta\frac{\hat{\chi}}{\sqrt{n}} = \chi(\bar{\eta})\frac{\hat{\chi}}{\sqrt{n}} \qquad \chi(\eta)\neq 0\ ,\ \chi=\bar{\chi}$$

$$\eta\frac{\hat{\chi}+\hat{\bar{\chi}}}{\sqrt{2n}} = \frac{\chi(\bar{\eta})\hat{\chi}+\bar{\chi}(\bar{\eta})\hat{\bar{\chi}}}{\sqrt{2n}} \qquad \chi(\eta)\neq 0\ ,\ \chi\neq\bar{\chi}$$

$$i\eta\frac{\hat{\chi}-\hat{\bar{\chi}}}{\sqrt{2n}} = i\,\frac{\chi(\bar{\eta})\hat{\chi}-\bar{\chi}(\bar{\eta})\hat{\bar{\chi}}}{\sqrt{2n}} \qquad \chi(\eta)\neq 0\ ,\ \chi\neq\bar{\chi}$$

Mit den früher bewiesenen Formeln sieht man nun leicht, daß $S$ bzgl. dieser Basis in Diagonalform ist. Insbesondere gilt

$$S(\eta\frac{\hat{\chi}+\hat{\bar{\chi}}}{\sqrt{2n}},\eta i\frac{\hat{\chi}-\hat{\bar{\chi}}}{\sqrt{2n}}) = i\,\varepsilon(\frac{\hat{\chi}+\hat{\bar{\chi}}}{\sqrt{2n}}\ \frac{\hat{\chi}-\hat{\bar{\chi}}}{\sqrt{2n}}\rho) =$$

$$= \frac{i}{2}(\varepsilon(\hat{\chi}-\hat{\bar{\chi}})\rho) = \frac{i}{2}\varepsilon(\chi(\rho)(\hat{\chi}-\hat{\bar{\chi}})) = \frac{i}{2}\chi(\rho)\,\varepsilon(\hat{\chi}-\hat{\bar{\chi}}) = 0 \ .$$

Es ist ferner, wie man ebenso nachrechnet

$$S(\eta\frac{\hat{\chi}}{\sqrt{n}},\eta\frac{\hat{\chi}}{\sqrt{n}}) = \chi(\rho)$$

$$S(\eta\frac{\hat{\chi}+\hat{\bar{\chi}}}{\sqrt{2n}},\eta\frac{\hat{\chi}+\hat{\bar{\chi}}}{\sqrt{2n}}) = \chi(\rho)$$

$$S(\eta i\frac{\hat{\chi}-\hat{\bar{\chi}}}{\sqrt{2n}},\eta i\frac{\hat{\chi}-\hat{\bar{\chi}}}{\sqrt{2n}}) = \chi(\rho) \ .$$

Damit ist der Beweis geführt.

Die Determinante von $S$ bezüglich der eben eingeführten Basis ist

$$\pm\prod_{\chi(\eta)\neq 0}\chi(\rho) = \pm\prod_{\chi(\eta)\neq 0}\chi(\varphi)\prod_{\chi(\eta)\neq 0}\chi(\eta) \ .$$

Geht man zu der Basis $\mathfrak{b}$ :

$$\frac{\hat{\chi}}{\sqrt{n}} \; ; \qquad \chi(\eta) \neq 0 \qquad \chi = \overline{\chi}$$

$$\frac{\hat{\chi} + \hat{\overline{\chi}}}{\sqrt{2n}} \; ; \qquad \chi(\eta) \neq 0 \qquad \chi \neq \overline{\chi}$$

$$i\,\frac{\hat{\chi} - \hat{\overline{\chi}}}{\sqrt{2n}} \; ; \qquad \chi(\eta) \neq 0 \qquad \chi \neq \overline{\chi}$$

über, so erhält man als Determinante bezüglich dieser Basis

$$\pm \prod \chi(\rho) \cdot (\det \eta)^{-2} = \pm \prod \chi(\varphi) \cdot (\prod(\chi(\eta)))^{-1} \quad .$$

Um die gesuchte Determinante zu berechnen, müssen wir zu einer Basis von $\eta\mathbb{Z}[G]$ übergehen. Aus der Theorie der Elementarteiler folgt: Man kann ganzzahlige Basen $x_1,\dots,x_n$ ; $y_1,\dots,y_n$ von $\mathbb{Z}[G]$ finden mit

$$\eta x_i = t_i y_i \qquad t_i \in \mathbb{Z} \;,\; t_i \geq 0$$

$$t_i \neq 0 \quad \text{für} \quad i = 1,\dots,k$$

$$t_i = 0 \quad \text{für} \quad i = k+1,\dots,n \quad .$$

Dann ist $t = \prod_{i=1}^{k} t_i$ die Ordnung der Torsionsuntergruppe von $\mathbb{Z}[G]/\eta\mathbb{Z}[G]$ .

Ergänzt man die Basis $\mathfrak{b}$ zu der Basis $\mathfrak{b}'$ von $\mathbb{R}[G]$ , so hat die Matrix $X$ des Basiswechsels $\mathfrak{b}' \longrightarrow \{x_i\}$ , d.h. die Matrix, die aus den Spaltenvektoren $x_i$ gebildet wird, folgende Gestalt

$$X = \begin{pmatrix} X_1 & 0 \\ \underbrace{X_2}_{k} & X_4 \end{pmatrix} \Big\}k \quad .$$

Analog hat die Matrix Y des Basiswechsels $\mathcal{L}' \longrightarrow \{y_i\}$ die Gestalt

$$Y = \underbrace{\begin{pmatrix} Y_1 & Y_3 \\ 0 & Y_4 \end{pmatrix}}_{k} \Big\}k \;.$$

Nun gilt für die Matrix des Endomorphismus

$$Y \begin{pmatrix} t_1 & & & & 0 \\ & \ddots & & & \\ & & t_{k_0} & & \\ & & & \ddots & \\ 0 & & & & 0 \end{pmatrix} X^{-1} =$$

$$\left(\begin{array}{ccccc} \chi(\bar{\eta}) & & & & \\ & \ddots & & & \\ & & \frac{1}{2}(\chi(\bar{\eta})+\bar{\chi}(\bar{\eta})) & \frac{1}{2i}(\chi(\bar{\eta})-\bar{\chi}(\bar{\eta})) & \\ & & \frac{i}{2}(\chi(\bar{\eta})-\bar{\chi}(\bar{\eta})) & \frac{1}{2}(\chi(\bar{\eta})+\bar{\chi}(\bar{\eta})) & \\ & & & & 0 \\ & & & & & \ddots \\ & & & & & & 0 \end{array}\right) \Big\}k \;,$$

also insbesondere

$$\pm \det Y_1 \cdot t \cdot \det X_1^{-1} = \prod_{\chi(\eta)\neq 0} \chi(\eta) \;.$$

Es ist $t_i y_i$ , $i=1,\ldots,k$ eine Basis von $\eta\mathbb{Z}[G]$ , also ist die gesuchte Determinante

$$\det S = \pm \frac{\prod \chi(\varphi)}{\prod \chi(\eta)} (\det Y_1)^2 t^2 =$$

$$= \pm \frac{\prod \chi(\varphi)}{\prod \chi(\eta)} \det Y_1 \, \frac{\det X_1 \prod \chi(\eta)}{t} \cdot t^2 \;.$$

Es bleibt also noch zu zeigen

$$\det Y_1 \cdot \det X_1 = \pm 1 \quad .$$

Wegen $\det X_1 \cdot \det X_4 = \det X = \pm 1$ ist das gleichwertig mit

$$\det Y_1 = \pm \det X_4 \; .$$

$y_1,\dots,y_k$ und $x_{k+1},\dots,x_n$ sind Basen von orthogonalen direkten Summanden des Gitters $\mathbf{Z}[G]$ . $|\det Y_1|, |\det X_4|$ sind die Volumina der von $y_1,\dots,y_k$ bzw. $x_{k+1},\dots,x_n$ aufgespannten Parallelotope. Die Behauptung ist dann eine bekannte Tatsache des äußeren Kalküls.

13.3. Wir betrachten speziell $G = G_o x \dots x G_n$ mit $G_i$ zyklisch von der Ordnung $a_i$ . Es sei $w_i$ ein Erzeugendes von $G_i$ . Es sei

$$\eta = (1-w_0)\dots(1-w_n)$$

$$\varphi = (-1)^{n(n-1)/2}(1-w_0 \dots w_n) \quad ,$$

also

$$\varphi\bar{\eta} = (-1)^{n(n-1)/2}(1-w_0^{-1})\dots(1-w_n^{-1})(1-w_0 \dots w_n)$$

$$= (-1)^{n(n-1)/2}(\bar{\eta} + (-1)^n \eta) \quad .$$

Ist $n$ gerade, so ist die Bedingung a) erfüllt, ist $n$ ungerade, die Bedingung b).
Es bezeichne $S_a$ die durch $\varphi, \eta$ definierte Bilinearform. Dann gilt

SATZ. (i) $\pm \det S_a = \prod_{0<k_j<a_j} (1 - \varepsilon_0^{k_0} \dots \varepsilon_n^{k_n})$ ,

<u>wobei</u> $\varepsilon_i$ <u>eine primitive</u> $a_i$<u>-te Einheitswurzel bezeichnet.</u>

(ii) <u>Ist</u> $n$ <u>gerade, also die Bedingung a) erfüllt, so gilt</u>

$$\tau^+(S_a) = \underline{\text{Anzahl der}}\ (n+1)\text{-Tupel}\ \underline{\text{natürlicher Zahlen}}$$
$$(x_0,\ldots,x_n)\ \underline{\text{mit}}\ 0 < x_j < a_j\ ,\ \underline{\text{so daß}}$$
$$0 < \sum \frac{x_j}{a_j} < 1 \pmod 2$$

$$\tau^-(S_a) = \underline{\text{Anzahl der}}\ (n+1)\text{-Tupel}\ \underline{\text{natürlicher Zahlen}}$$
$$(x_0,\ldots,x_n)\ \underline{\text{mit}}\ 0 < x_j < a_j\ ,\ \text{so daß}$$
$$1 < \sum \frac{x_j}{a_j} < 2 \pmod 2)\ .$$

Beweis. (i) Nach dem letzten Lemma genügt es zu zeigen, daß die Gruppe $\mathbb{Z}[G]/\eta\mathbb{Z}[G]$ keine Torsion hat. Das ist gleichbedeutend mit: Annihilator von $\eta$ ist direkter Summand von $\mathbb{Z}[G]$ . Offenbar gilt

$$(1+w_j+\ldots+w_j^{a_j-1})(1-w_j) = 0\ .$$

Durch Induktion nach $n$ zeigt man leicht, daß die Elemente $(1+w_j+\ldots+w_j^{a_j-1})$ ; $j = 0,\ldots,n$ den Annihilator von $\eta$ erzeugen. Offenbar erzeugen diese Elemente aber auch einen direkten Summanden von $\mathbb{Z}[G]$ .

Als Nebenresultat erhält man

$$\dim (S_a) = \prod_{j=0}^{n} (a_j - 1)\ .$$

(ii) Ist $n$ gerade, so gilt

$$\rho = \varphi\bar{\eta} = (-1)^{n/2}(\eta+\bar{\eta})\ .$$

Nach dem letzten Lemma gilt also

$$\begin{aligned}\tau^+ &= \text{Anzahl der } \chi \text{ mit } \chi(\rho) > 0\\ &= \text{Anzahl der } \chi \text{ mit } (-1)^{n/2}\ \mathrm{Re}\,\chi(\eta) > 0\ .\end{aligned}$$

Für $\varepsilon \in \mathbb{C}$ mit $|\varepsilon| = 1$ gilt $\arg(1-\varepsilon) = 3\pi/2 + \arg(\varepsilon)/2$ .

Damit folgt

$$\tau^{+} = \text{Anzahl der } (n+1)\text{-Tupel } (x_o,\dots,x_n) \text{ mit } 0 < x_j < a_j$$

$$\text{und } 0 < \sum \frac{x_j}{a_j} < 1 \pmod 2 \; .$$

Analog erhält man

$$\tau^{-} = \text{Anzahl der } (n+1)\text{-Tupel } (x_o,\dots,x_n) \text{ mit } 0 < x_j < a_j$$

$$\text{und } 1 < \sum \frac{x_j}{a_j} < 2 \pmod 2 \; .$$

Für die topologischen Anwendungen ist es wichtig zu wissen, wann die Determinante der quadratischen Form S gleich $\pm 1$ ist.

Um ein Kriterium zur Entscheidung dieser Frage zu erhalten, wird nach MILNOR der Graph $\Gamma(a)$ des (n+1)-Tupels $a = (a_o,\dots,a_n)$ eingeführt. $\Gamma(a)$ hat die (n+1) Ecken $a_o,\dots,a_n$ . Zwei Ecken $a_i$ und $a_j$ werden durch eine Strecke miteinander verbunden genau dann, wenn der größte gemeinsame Teiler $(a_i,a_j)$ größer als 1 ist. Dann gilt (BRIESKORN [15] )

LEMMA. det $S_a = \pm 1$ <u>genau dann, wenn eine der beiden folgenden Bedingungen erfüllt ist:</u>

a) $\Gamma(a)$ hat wenigstens zwei isolierte Punkte.

b) $\Gamma(a)$ hat einen isolierten Punkt und eine Zusammenhangskomponente K mit einer ungeraden Anzahl von Punkten, so daß für $a_i,a_j \in K$ mit $i \neq j$ gilt $(a_i,a_j) = 2$ .

Beweis. Das Polynom

$$\Phi(t) = \prod_{0 < k_j < a_j} (t - \varepsilon_o^{k_o} \cdots \varepsilon_n^{k_n})$$

hat ganzzahlige Koeffizienten und lauter Einheitswurzeln als Nullstellen. Also ist es Produkt von Kreisteilungspolynomen $\Phi_d(t)$

$$\Phi(t) = \prod_{\nu} \Phi_{d_\nu}(t) \quad ,$$

wobei $d_\nu$ die Ordnungen der $\varepsilon_0^{k_0} \cdots \varepsilon_n^{k_n}$ durchläuft, eventuell mehrfach. Bekanntlich ([74]) gilt $\Phi_d(1) = 1$, falls $d$ keine Primzahlpotenz ist, während für eine Primzahl $q$ offenbar gilt $\Phi_{q^m}(1) = q$. Es ist also $\det S_a = \pm 1$ genau dann, wenn für jedes $k = (k_0, \ldots, k_n)$ mit $0 < k_j < a_j$ die Ordnung der Einheitswurzel $\varepsilon^k = \varepsilon_0^{k_0} \cdots \varepsilon_n^{k_n}$ keine Primzahlpotenz ist. Es sei $K$ eine Zusammenhangskomponente von $\Gamma(a)$. O.B.d.A. sei $K = \{a_0, \ldots, a_r\}$. Es sei $\kappa(K)$ die Anzahl der $(k_0, \ldots, k_r)$, $0 < k_j < a_j$, für welche $\varepsilon_0^{k0} \cdots \varepsilon_r^{kr} = 1$. Dann stellt man leicht fest, daß $\kappa(K) = 0$ genau dann, wenn $K$ ein isolierter Punkt ist oder wenn $K$ die in b) genannte Bedingung erfüllt. Das ist äquivalent zur Behauptung, denn die Ordnung aller $\varepsilon^k$ ist keine Primzahlpotenz genau dann, wenn $\Gamma(a)$ wenigstens zwei Komponenten $K_1, K_2$ hat mit $\kappa(K_1) = \kappa(K_2) = 0$.

## § 14 Sphären als Umgebungsränder von Singularitäten II

(nach BRIESKORN [15] )

14.1. Es sei $a = (a_0, a_1, \ldots, a_n)$ ein (n+1)-Tupel von natürlichen Zahlen $\geq 2$ und $t$ eine nicht-negative reelle Zahl.

$$V_a^t = \{ z \mid z \in \mathbb{C}^{n+1} \;,\; z_0^{a_0} + z_1^{a_1} + \ldots + z_n^{a_n} = t \}$$

ist für $t \neq 0$ eine singularitätenfreie algebraische Mannigfaltigkeit. $V_a^o$ besitzt eine einzige Singularität in $0 \in \mathbb{C}^{n+1}$.

SATZ. $V_a = V_a^1$ <u>ist diffeomorph zu</u> $V_a^t$ <u>für</u> $t \neq 0$.

Beweis. Die bijektive Abbildung von $\mathbb{C}^{n+1}$ in sich, die definiert ist durch

$$(z_0, z_1, \ldots, z_n) \longmapsto (\sqrt[a_0]{t}\, z_0, \sqrt[a_1]{t}\, z_1, \ldots, \sqrt[a_n]{t}\, z_n) \;,$$

wo $\sqrt[a_i]{t}$ irgendeine $a_i$-te Wurzel von $t$ bezeichnet, führt $V_a$ in $V_a^t$ über.

14.2. Es seien $B^{2n+2} = \{ z \mid z \in \mathbb{C}^{n+1} \;,\; \sum |z_j|^2 \leq 1 \}$

und $\qquad \mathring{B}^{2n+2} = \{ z \mid z \in \mathbb{C}^{n+1} \;,\; \sum |z_j|^2 < 1 \}$ .

SATZ. <u>Für hinreichend kleines</u> $t \neq 0$ <u>ist</u> $V_a^t \cap \mathring{B}^{2n+2}$ <u>diffeomorph zu</u> $V_a^t$.

Beweis. $\varphi : V_a^t \longrightarrow \mathbb{R}$ wird definiert durch $z \longmapsto \sum_{i=0}^{n} z_i \bar{z}_i$ .

Zur Bestimmung der kritischen Punkte von $\varphi$ wird der Satz über Extrema mit Nebenbedingungen benutzt. In den kritischen Punkten müssen die Gleichungen

$$\bar{z}_j - \lambda a_j z_j^{a_j - 1} = 0$$

$$z_j - \mu a_j \bar{z}_j^{a_j - 1} = 0 \quad , \quad j = 0, 1, \ldots, n$$

mit $\lambda, \mu \in \mathbb{C}$ erfüllt sein. Dann ist $\lambda \neq 0$ und $\mu = \bar{\lambda}$.
Aus der ersten Gleichung und der Nebenbedingung folgt

$$\sum \frac{z_j \bar{z}_j}{a_j} - \lambda t = 0 \quad \text{und damit} \quad \lambda \text{ reell} > 0$$

und $$\frac{z_j \bar{z}_j}{\lambda t a_j} = \frac{z_j^{a_j}}{t} .$$

D.h. in einem kritischen Punkte gilt $\sum |z_j|^{a_j} = t$ und $|z_j|^{a_j} \leq t$.
Daher liegen für hinreichend kleines $t$ alle kritischen Punkte in $V_a^t \cap \frac{1}{2} \mathring{B}^{2n+2}$ mit $\frac{1}{2} \mathring{B}^{2n+2} = \{ z \mid z \in \mathbb{C}^{n+1} , \sum z_j \bar{z}_j < \frac{1}{2} \}$. Dann ist $\varphi^{-1}([\frac{1}{2}, \infty))$ diffeomorph zu $[\frac{1}{2}, \infty) \times \varphi^{-1}(\frac{1}{2})$. Der Diffeomorphismus wird mit Hilfe der Einparametergruppe wie in [44] § 3 konstruiert.
Daraus folgt die Behauptung.

14.3. Es sei $\Sigma_a^t = V_a^t \cap S^{2n+1}$. Statt $\Sigma_a^o$ wird $\Sigma_a$ geschrieben.

SATZ. <u>Für hinreichend kleines</u> $t$ <u>ist</u> $\Sigma_a^t \neq \emptyset$ <u>und</u> $\Sigma_a^t$ <u>ist diffeomorph zu</u> $\Sigma_a$.

Beweis. Die Abbildung $\tilde{\psi} : \mathbb{C}^{n+1} \longrightarrow \mathbb{C}$ sei definiert durch

$$\tilde{\psi}(z_0, z_1, \ldots, z_n) = z_0^{a_0} + z_1^{a_1} + \ldots + z_n^{a_n} ,$$

und es sei $\psi = \tilde{\psi} / S^{2n+1}$. Es wird gezeigt, daß $\psi$ in einer Umgebung von $\Sigma_a$ in $S^{2n+1}$ Höchstrang besitzt, und dann der Satz von EHRESMANN benutzt (s.u.). Die Ableitung von $\tilde{\psi}$ an der Stelle $c = (c_0, c_1, \ldots, c_n)$ ist eine $\mathbb{C}$-lineare Abbildung $\mathbb{C}^{n+1} \longrightarrow \mathbb{C}$, die durch die Matrix

$$(a_0 c_0^{a_0 - 1}, a_1 c_1^{a_1 - 1}, \ldots, a_n c_n^{a_n - 1})$$

beschrieben wird. Es sei $c \in S^{2n+1}$. Der Tangentialraum an $S^{2n+1}$

in $c$ besteht aus den $u \in \mathbb{C}^{n+1}$ mit $\sum_{i=0}^{n} (c_i\bar{u}_i + \bar{c}_i u_i) = 0$.

Es soll gezeigt werden, daß für alle $c \in S^{2n+1}$ mit $\sum c_i^{a_i}$ hinreichend klein $\tilde{\psi}'(c)$ den Tangentialraum an $S^{2n+1}$ in $c$ auf $\mathbb{C}$ abbildet.

Es sei $u$ aus dem Tangentialraum an $S^{2n+1}$ in $c$ und $u_\nu = \frac{\tilde{u}_\nu c_\nu}{a_\nu}$, $\nu = 0,1,\ldots,n$. Für $\tilde{u}_\nu$ gilt dann

$$\sum_{\nu=0}^{n} \frac{c_\nu \bar{c}_\nu}{a_\nu} (\tilde{u}_\nu + \bar{\tilde{u}}_\nu) = 2 \sum_{\nu=0}^{n} \frac{c_\nu \bar{c}_\nu}{a_\nu} \operatorname{Re} \tilde{u}_\nu .$$

Mit diesen Bezeichnungen ist

$$\psi'(c)(u_o,\ldots,u_n) = \sum c_i^{a_i} \tilde{u}_i .$$

Falls für alle $(n+1)$-Tupel reeller Zahlen $(v_o,v_1,\ldots,v_n)$ mit $\sum_{\nu=0}^{n} \frac{c_\nu \bar{c}_\nu}{a_\nu} v_\nu = 0$ auch $\sum_{\nu=0}^{n} c_\nu^{a_\nu} v_\nu = 0$, dann ist $c_\nu^{a_\nu} = (\alpha+i\beta)\frac{c_\nu \bar{c}_\nu}{a_\nu}$, $\alpha, \beta \in \mathbb{R}$, $\nu = 0,1,\ldots,n$, und $|\alpha+i\beta| \leq t\cdot A$, wo $A = \operatorname{Max}\{a_\nu \mid \nu=0,1,\ldots,n\}$. Daraus folgt aber für $a_\nu = 2$, $c_\nu \neq 0$ und hinreichend kleines $t$ sofort ein Widerspruch. Wenn $a_\nu > 2$ ist für alle $\nu$ mit $c_\nu \neq 0$, dann ist

$$1 = \sum_{\nu=0}^{n} c_\nu \bar{c}_\nu = \sum_{\nu=0}^{n} \left(\frac{|\alpha+i\beta|}{a_\nu}\right)^{2/(a_\nu-2)} \leq \sum_{\nu=0}^{n} (t\cdot A)^{2/(a_\nu-2)} ,$$

was für hinreichend kleines $t$ unmöglich ist.

Wenn $t$ klein genug ist, gibt es also ein reelles $(n+1)$-Tupel $(v_o,\ldots,v_n)$ mit $\sum \frac{c_i \bar{c}_i}{a_i} v_i = 0$ und $\sum c_\nu^{a_\nu} v_\nu = r \neq 0$.

Daraus sieht man sofort, daß ganz $\mathbb{C}$ als Bild auftritt. Es gibt also eine Umgebung $U$ von $0 \in \mathbb{C}$, so daß $\psi|\psi^{-1}(U)$ in jedem Punkt den Rang 2 hat. Die Behauptung folgt aus dem

SATZ von EHRESMANN [20] . <u>Es seien</u> E <u>und</u> B <u>differenzierbare Mannigfaltigkeiten,</u> B <u>zusammenhängend und</u> $p : E \longrightarrow B$ <u>eine differenzierbare surjektive Abbildung, so daß für alle</u> $x \in B$ <u>der Rang des Differentials von</u> p <u>in</u> x <u>gleich der Dimension von</u> B <u>ist und</u> $p^{-1}(x)$ <u>kompakt und zusammenhängend ist.</u> <u>Dann ist</u> $E \longrightarrow B$ <u>ein differenzierbares Faserbündel. Insbesondere sind alle Fasern</u> $p^{-1}(x)$ <u>diffeomorph.</u>

14.4. SATZ. $V_a^t \cap B^{2n+2}$ <u>ist parallelisierbar.</u>

Beweis. Die Gleichung von $V_a^t$ definiert einen singularitätenfreien Divisor auf $\mathbb{C}^{n+1}$ . Das zugehörige komplexe Geradenbündel ist trivial, seine Beschränkung auf $V_a^t$ ist das Normalenbündel von $V_a^t$ in $\mathbb{C}^{n+1}$ (HIRZEBRUCH [24] S. 69 und S. 115). Daher ist das Tangentialbündel von $V_a^t$ und ebenso das von $V_a^t \cap B^{2n+2}$ stabil trivial. $V_a^t \cap B^{2n+2}$ ist für hinreichend kleines t eine Mannigfaltigkeit mit nicht-leerem Rand $\Sigma_a^t$ und daher parallelisierbar (vgl. § 10).

Da $\Sigma_a^t$ diffeomorph ist zu $\Sigma_a$ , ist nach den Sätzen in 8.1. die Mannigfaltigkeit $\Sigma_a$ genau dann eine Homologiesphäre, wenn $\det S_a = \pm 1$ ist, wo $S_a$ die Schnittform von $V_a$ bezeichnet. Für $\dim \Sigma_a \geq 5$ ist dann $\Sigma_a$ sogar eine Homotopiesphäre, wie der folgende Satz zeigt.

SATZ. <u>Die Fundamentalgruppe von</u> $\Sigma_a$ <u>ist abelsch, wenn</u> $\dim \Sigma_a \geq 5$ , <u>d.h.</u> $n \geq 3$ .

Beweis. Aus dem Beweis des Satzes in 14.2. folgt, daß die Funktion $(z_0, z_1, \ldots, z_n) \longmapsto z_0\bar{z}_0 + \ldots + z_n\bar{z}_n$ in $V_a^0 - \{0\}$ keine kritischen Punkte besitzt. Daher hat $V_a^0 - \{0\}$ den gleichen Homotopietyp wie $\Sigma_a^0 = \Sigma_a$ (vgl. 5.5). Es wird die Fundamentalgruppe von $V_a^0 - \{0\}$

untersucht. Die Untermannigfaltigkeit $\{z \mid z \in V_a^o - \{0\},\ z_n=0\}$ hat in $V_a^o - \{0\}$ die Kodimension $2$. Daher läßt sich jeder Weg in $V_a^o - \{0\}$ zu einem Weg in $V_a^o - \{z \mid z_n=0\}$ deformieren, und die Abbildung

$$\pi_1(V_a^o - \{z \mid z_n = 0\}) \longrightarrow \pi_1(V_a^o - \{0\})$$

ist surjektiv. $V_a^o - \{z \mid z_n = 0\} = \{z \mid z_0^{a_0} + \ldots + z_n^{a_n} = 0,\ z_n \neq 0\}$ wird durch $z \longmapsto z_n$ auf $\mathbb{C}^*$ abgebildet. Das liefert einen lokal trivialen Faserraum über $\mathbb{C}^*$ mit Totalraum $V_a^o - \{z \mid z_n = 0\}$ und Faser $V_{\hat{a}}$, wo $\hat{a} = (a_0, a_1, \ldots, a_{n-1})$ und Projektion $\pi$. Zum Beweis der lokalen Trivialität sei $t_o \in \mathbb{C}^*$ und $\varepsilon > 0$, so daß $|t_o| > \varepsilon$ und $U = \{t \mid t \in \mathbb{C},\ |t-t_o| < \varepsilon\}$. Die Trivialisierung $V_{\hat{a}} \times U \longrightarrow \pi^{-1}(U)$ wird definiert durch

$$(z_0, z_1, \ldots, z_{n-1}, t) \mapsto (\sqrt[a_0]{-t^{a_n}}\, z_0,\ \sqrt[a_1]{-t^{a_n}}\, z_1, \ldots, \sqrt[a_{n-1}]{-t^{a_n}}\, z_{n-1}, t).$$

Dabei wird die $a_i$-te Wurzel von $-t_o^{a_n}$ beliebig gewählt und $\sqrt[a_i]{-t^{a_n}}$ ist für alle $t \in U$ dadurch eindeutig definiert. Aus der exakten Homotopiesequenz für Faserräume (s. z.B. [30]) folgt, da $V_{\hat{a}}$ nach 12.2. einfach zusammenhängend ist, daß

$$\pi_1(V_a^o - \{z \mid z_n = 0\}) = \pi_1(\mathbb{C}^*) \cong \mathbb{Z}.$$

14.5. Wegen der Gültigkeit der POINCAREschen Vermutung für Dimensionen $\geq 5$ ist für $n \geq 3$ die Mannigfaltigkeit $\Sigma_a$ genau dann eine Sphäre, wenn $\det S_a = \pm 1$. Aus dem Lemma in 13.3 und § 10 folgt der

SATZ. Für $n \geq 3$ ist $\Sigma_a$ eine $(2n-1)$-Sphäre genau dann, wenn der Graph $\Gamma(a)$ eine der folgenden beiden Bedingungen erfüllt:

(i) $\Gamma(a)$ hat wenigstens zwei isolierte Punkte.

(ii) $\Gamma(a)$ hat einen isolierten Punkt und eine Zusammenhangskomponente $K$ mit einer ungeraden Anzahl von Punkten, so daß für $a_i, a_j \in K$ mit $i \neq j$ gilt $(a_i, a_j) = 2$.

In diesem Falle gehört $\Sigma_a$ zu $bP_{2n}$. Ist darüber hinaus $n = 2m$, so ist

$$\Sigma_a \in \frac{\tau}{8} g_m ,$$

wo $g_m$ die durch $M^{4m-1}(E_8)$ repräsentierte Klasse von $bP_{4m}$ ist. $\tau$ läßt sich aus dem Satz in 13.3 berechnen.

14.6. Für $(a_0,a_1,\ldots,a_{2m}) = (p,q,2,2,\ldots,2)$ mit $p,q$ ungerade $\geq 3$ und $(p,q) = 1$ soll der Index $\tau$ der zugehörigen quadratischen Form berechnet werden. Aus dem Satz in 13.3 folgt sofort, daß die Signatur der quadratischen Form von $(a_0,\ldots,a_n,2,2)$ das Negative der Signatur der quadratischen Form von $(a_0,\ldots,a_n)$ ist. Deshalb genügt es, den Fall $m = 1$ zu betrachten. Im folgenden sind $x$ und $y$ immer ganze Zahlen. Wir definieren:

$N_{p,q}$ = Anzahl der Paare $(x,y)$ mit

(1) $1 \leq x \leq \frac{p-1}{2}$ , $1 \leq y \leq \frac{q-1}{2}$ und

(2) $-\frac{p}{2} < qx - py < 0$ .

Diese Definition ist äquivalent mit der folgenden: $N_{p,q}$ ist die Anzahl der $qx$ mit $1 \leq x \leq (p-1)/2$, so daß der Rest modulo $p$ von kleinstem Absolutbetrag negativ ist.

$m_{p,q}$ = Anzahl der Paare $(x,y)$ , die (1) und

(3) $qx - py < -\frac{p}{2}$

erfüllen. Man überzeugt sich leicht, daß

(4) $$N_{p,q} + N_{q,p} + m_{p,q} + m_{q,p} = \frac{(p-1)(q-1)}{4} .$$

Es sei $\tau^+$ die Anzahl der positiven Eigenwerte der zu $(p,q,2)$ ($p,q$ wie oben) gehörigen quadratischen Form. Dann ist

$\tau^+$ = Anzahl der $(x,y)$ mit der Eigenschaft, daß

(5) $\quad 1 \le x \le p-1 \quad , \quad 1 \le y \le q-1 \quad$ und

$$0 < \frac{x}{p} + \frac{y}{q} + \frac{1}{2} < 1 \mod 2 \quad \text{oder damit äquivalent}$$

(6) $$\frac{3}{2} < \frac{x}{p} + \frac{y}{q} < \frac{1}{2} \mod 2 \quad .$$

Das sind gerade diejenigen Paare $(x,y)$ mit (1) , für die

(6a) $$0 \le \frac{x}{p} + \frac{y}{q} < \frac{1}{2} \mod 2 \quad \text{oder}$$

(6b) $$\frac{3}{2} < \frac{x}{p} + \frac{y}{q} \le 2 \mod 2$$

gilt. Die eineindeutige Abbildung $(x,y) \longmapsto (p-x,q-y)$ führt die Menge der $(x,y)$ , die (1) und (6a) erfüllen, in diejenigen über, die (1) und (6b) erfüllen, und umgekehrt, so daß $\tau^+ = 2 \cdot$Anzahl der $(x,y)$ mit (6a) und

$$1 \le x \le \frac{p-1}{2} \quad , \quad 1 \le y \le q-1$$

$= 2 \cdot$ Anzahl der $(x,y)$ mit (1) und

(7) $$0 < qx + py < \frac{p \cdot q}{2} \quad .$$

Die Abbildung $y \longmapsto (q+1)/2 - y$ (bzw. $x \longmapsto (p+1)/2 - x$) führt die Menge der $(x,y)$ , die (1) und (7) erfüllen über in die Menge der $(x,y)$ , die (1) und

(3) $$qx - py < -\frac{p}{2} \quad (\text{bzw. } py - qx < -\frac{q}{2})$$

erfüllen. Daher ist $\tau^+ = 2m_{p,q} = 2m_{q,p}$ . Da $\tau^+ + \tau^- = (p-1)(q-1)$ ist

$$-(\tau^+ - \tau^-) = (p-1)(q-1) - 4m_{p,q} = \frac{(p-1)(q-1)}{2} + 2(N_{p,q} + N_{q,p}) \; .$$

SATZ. <u>Die quadratische Form, die zu dem</u> $(2m+1)$-<u>tupel</u> $(p,q,2,2,\dots,2)$ <u>gehört mit</u> $p,q$ <u>ungerade</u> $\ge 3$ <u>und</u> $(p,q) = 1$ <u>hat den Index</u> $\tau$ <u>mit</u>

$$(-1)^m \tau = \frac{(p-1)(q-1)}{2} + 2(N_{p,q} + N_{q,p}) \quad .$$

14.7. Anwendung dieses Ergebnisses auf die Mannigfaltigkeiten $\Sigma_a$ liefert den

SATZ. *Es sei* $a = (a_0, a_1, \ldots, a_{2m}) = (p, q, 2, \ldots, 2)$ *mit* $p, q$ *ungerade* $\geq 3$ *und* $(p,q) = 1$ . *Dann ist* $\Sigma_a$ *eine Sphäre und*

$$\Sigma_a \in \frac{\tau}{8} g_m \quad ,$$

*wo* $g_m$ *das Element aus* $bP_{2m}$ *mit Index* 8 *bezeichnet und*

$$(-1)^m \tau = \frac{(p-1)(q-1)}{2} + 2(N_{p,q} + N_{q,p}) \quad .$$

*Ist insbesondere* $p = 3$ *und* $q = 6k - 1$ , *dann ist*

$$\Sigma_a \in (-1)^m \, k \, g_m \quad .$$

*Für* $m = 2$ *und* $k = 1, 2, \ldots, 28$ *erhält man so die* 28 *Klassen von* 7-*Sphären. Für* $m = 3$ *und* $k = 1, 2, \ldots, 992$ *erhält man die* 992 *Klassen von* 11-*Sphären.*

14.8. Wir betrachten nun den Fall $n$ ungerade. Es sei $\Sigma_a = \Sigma_{(a_0 \ldots a_n)}$ eine Sphäre. Für $n = 1,3,7$ handelt es sich stets um die Standardsphäre. Die zu $\Sigma_a$ diffeomorphe Mannigfaltigkeit $\Sigma_a^t$ berandet die parallelisierbare $(n-1)$-zusammenhängende Mannigfaltigkeit mit Rand $V_a^t \cap B^{2n+2}$ . Das Innere von $V_a^t \cap B^{2n+2}$ ist diffeomorph zu $V_a$ (s. 14.1.). Für $V_a$ ist eine eigentliche quadratische Form $\psi$ über $H_n(V_a, \mathbb{Z}_2)$ definiert, deren ARFsche Invariante bestimmt, ob $\Sigma_a$ die Standardsphäre oder die KERVAIRE-Sphäre ist (vgl. § 10).

SATZ. Es sei $n$ ungerade, $n \neq 1,3,7$. Die eigentliche quadratische Form $\psi$ über $H_n(V_a, \mathbb{Z}_2)$ ist dann Reduktion mod 2 (vgl. § 9) der ganzzahligen quadratischen Form $S_{(a,2)}$ von $V_{(a,2)} = V_{(a_o,\ldots,a_n,2)}$, die über $H_{n+1}(V_{(a,2)}, \mathbb{Z})$ definiert ist.

Beweis. Es wird zunächst gezeigt, daß die Klasse $h \in H_n(V_a, \mathbb{Z})$ repräsentiert wird durch eine eingebettete Sphäre $S^n$ mit nichttrivialem Normalenbündel. Zur Konstruktion einer Einbettung, bei der sich diese Eigenschaft leicht nachweisen läßt, wird die Funktion $\beta$ in 12.4. durch eine differenzierbare Funktion $\tilde{\beta}$ ersetzt, die im Intervall $[0,1]$ die Form $\tilde{\beta}(t) = -\alpha t$ mit $0 < \alpha < 1$ hat. Die Abbildung $f\colon S^n \to X$ wird definiert durch

$$f(t_o,\ldots,t_n) = (z_o,\ldots,z_n) \quad \text{mit}$$

$$(1) \qquad z_j = (n+2)\, t_j^2 - 1 + i\,\tilde{\beta}(t_j) - i\, t_j^2 \sum_{k=0}^{n} \tilde{\beta}(t_k)$$

$$= (n+2)\, t_j^2 - 1 - i\,\alpha(t_j - t_j^2 \sum t_k)$$

Diese Abbildung wird nach dem Rezept in 12.4. angehoben zu einer Abbildung $\Phi\colon S^n \to V_a$ mit $\pi \circ \Phi = f$. Dann ist $\Phi$ homotop zu $\varphi$ und wir behaupten, daß $\Phi$ eine Einbettung ist. Zunächst sieht man leicht ein, daß $\Phi$ injektiv ist, und daß für alle $(t_o,\ldots,t_n) \in S^n$ und alle $j \in \{0,\ldots,n\}$ der Wert $z_j$ nach (1) von Null verschieden ist.

Aus der letzten Tatsache folgt, daß die Projektion $\pi$ auf dem Bild von $\Phi$ Höchstrang besitzt. Daher genügt es zu zeigen, daß $f\colon S^n \to X$

eine Immersion ist. Es wird gleichzeitig gezeigt, daß $f$ und damit auch $\Phi$ total reell sind. Dabei heißt $f$ <u>total reell</u>, wenn in dem komplexen Vektorraumbündel $f^*TX$ der Durchschnitt von $TS^n \subset f^*TX$ mit $i\,TS^n$, dem Bild von $TS^n$ unter der Multiplikation mit $i$, gleich dem Nullschnitt ist. Dann ist das Normalenbündel isomorph zum Tangentialbündel.

Die Funktion $g\colon \mathbb{R}^{n+1} \to \mathbb{C}^{n+1}$ wird definiert durch $g(t_o,\ldots,t_n) = (z_o,\ldots,z_n)$ mit

$$z_j = (n+2)\, t_j^2 - 1 + i\,\tilde{\beta}(t_j) - i\, t_j^2 \sum_{k=0}^{n} \tilde{\beta}(t_k)\ ,$$

so daß für alle $t \in S^n$ gilt $g(t) = f(t)$. Die Funktionalmatrix $(a_{jk})$ von $g$ in den Punkten $(t_o,\ldots,t_n) \in S^n$ hat die Koeffizienten

$$a_{jj} = 2(n+2)\, t_j - i\,\alpha(1 - 2t_j \textstyle\sum t_k - t_j^2)$$
$$a_{jk} = i\,\alpha t_j^2 \qquad j \neq k\ .$$

Man rechnet nach, daß die Funktionaldeterminante von Null verschieden ist. Daher sind die Spaltenvektoren $a_o,\ldots,a_n$ in der Funktionalmatrix komplex linear unabhängig, und damit sind die Vektoren $a_o,\ldots,a_n,ia_o,\ldots,ia_n$ reell linear unabhängig. $f$ ist total reelle Immersion.

Ein Erzeugendensystem von $H_n(V_a,\mathbb{Z})$ erhält man durch Multiplikation von $h$ mit allen Elementen der Form $w_o^{k_o} \ldots w_n^{k_n}$, $0 \leq k_j \leq a_j - 2$. Da $w_o^{k_o} \ldots w_n^{k_n}$ einen Diffeomorphismus von $V_a$ in sich liefert, ist für alle Elemente $x$ des angegebenen Erzeugendensystems nach Reduktion mod 2 $\psi(x) = 1$. Die Schnittform von $V_a$ ist $S_a$.

$H_{n+1}(V_{(a,2)},\mathbb{Z})$ hat als Erzeugendensystem die Elemente

$w_o^{k_o} \ldots w_n^{k_n} h'$ mit $0 \leq k_j \leq a_j - 2$, wo $h'$ dem $h$ entspricht. Die Schnittform von $V_{(a,2)}$ ist $S_{(a,2)}$. Nach 12.5. gilt für alle $x = w_o^{k_o} \ldots w_n^{k_n}$ mit $0 \leq k_j \leq a_j - 2$ und alle $y = w_o^{l_o} \ldots w_n^{l_n}$ mit $0 \leq l_j \leq a_j - 2$, daß

$$S_a(xh,yh) \equiv S_{(a,2)}(xh',yh') \mod 2 ,$$

und es ist $S_{(a,2)}(xh',xh') = \pm 2$. Daher erhält man $\psi$ durch Reduktion mod 2 aus der ganzzahligen quadratischen Form $S_{(a,2)}$. Damit ist alles bewiesen (vgl. 9.5.).

Nach § 9 ist $d(\psi) = 0$, wenn $\det S_{(a,2)} \equiv \pm 1 \mod 8$ und $d(\psi) = 1$, wenn $\det S_{(a,2)} \equiv \pm 3 \mod 8$. Es folgt dann der von BRIESKORN ( [15] Satz 2) bewiesene Satz:

SATZ. <u>Es sei</u> $n$ <u>ungerade</u>, $n \neq 1,3,7$ <u>und</u> $\Sigma_a = \Sigma_{(a_o,\ldots,a_n)}$ <u>eine Sphäre</u>. $\Sigma_a$ <u>ist die Standardsphäre, wenn</u> $\det S_{(a,2)} \equiv \pm 1 \mod 8$ <u>ist</u>. $\Sigma_a$ <u>ist die KERVAIRE-Sphäre, wenn</u> $\det S_{(a,2)} \equiv \pm 3 \mod 8$ <u>ist</u>.

Nach 13.3. ist für $a = (a_o,\ldots,a_n)$

$$\det S_{(a,2)} = \pm \prod_{0<k_j<a_j} (1+ \varepsilon_o^{k_o} \ldots \varepsilon_n^{k_n}) .$$

Für $n$ ungerade ist $d = \pm \det S_{\underbrace{(d,2,2,\ldots,2)}_{n+2}}$ .

Mit $d = 2k + 1$ ergibt sich wieder der Satz von 11.3.

## § 15 Periodische Abbildungen von Sphären

15.1. Die Mannigfaltigkeiten $W^{2n-1}(d)$ wurden in § 5 definiert durch die Gleichungen

$$z_0^d + z_1^2 + \dots + z_n^2 = 0$$
$$|z_0|^2 + \dots + |z_n|^2 = 2 \quad .$$

Es ist leicht, eine Reihe von periodischen Abbildungen auf $W^{2n-1}(d)$ anzugeben. So definiert z.B. für $d \geq 2$ die Zuordnung

(1) $$(z_0, z_1, \dots, z_n) \longmapsto (\varepsilon z_0, z_1, \dots, z_n)$$

mit $\varepsilon = \exp(2\pi i/d)$ einen Diffeomorphismus $T$ von $W^{2n-1}(d)$ mit $T^d = \mathrm{Id}$ und Fixpunktmenge $W^{2n-3}(2)$.

(2) $$(z_0, z_1, \dots, z_n) \longmapsto (z_0, -z_1, \dots, -z_n)$$

definiert eine Involution von $W^{2n-1}(d)$ ohne Fixpunkte.

(3) $$(z_0, z_1, \dots, z_n) \longmapsto (z_0, z_1, \dots, z_k, -z_{k+1}, -z_{k+2}, \dots, -z_n)$$

definiert eine Involution von $W^{2n-1}(d)$ mit Fixpunktmenge $W^{2k-1}(d)$. Das ist für $k = 2$ der Linsenraum $L(d)$.

In den Fällen, in denen $W^{2n-1}(d)$ eine Sphäre ist, erhält man damit periodische Homöomorphismen der Standardsphäre $S^{2n-1}$, und zwar Diffeomorphismen, falls $W^{2n-1}(d)$ diffeomorph ist zur Standardsphäre. Nach 11.3. ist $W^{2n-1}(d)$ eine Sphäre, wenn $n$ und $d$ ungerade sind. In diesem Falle ist $W^{2n-1}(d)$ diffeomorph zur KERVAIRE-Sphäre, wenn $d \equiv \pm 3 \bmod 8$ und diffeomorph zur Standardsphäre, wenn $d \equiv \pm 1 \bmod 8$. Da $bP_6 = 0$, erhält man als Beispiel den

SATZ. <u>Zu jeder ungeraden natürlichen Zahl</u> $d \geq 3$ <u>gibt es einen Diffeomorphismus</u> $T$ <u>von</u> $S^5$ <u>auf sich, so daß</u> $T^d = \mathrm{Id}$ <u>und die Fixpunktmenge der reelle projektive Raum</u> $P_3(\mathbb{R})$ <u>ist.</u>

Dieser Satz beantwortet eine Frage von BREDON in [13].

Als ein Beispiel für die Abbildungen vom Typ (3) formulieren wir den

SATZ. Wenn $n$ ungerade ist und $d \equiv \pm 1 \mod 8$, dann gibt es eine differenzierbare Involution der Standardsphäre $S^{2n-1}$, deren Fixpunktmenge der Linsenraum $L(d)$ ist. Da $bP_6$, $bP_{14}$ und $bP_{30}$ trivial sind, gilt: Auf $S^5$, $S^{13}$ und $S^{29}$ tritt jeder Linsenraum $L(2k+1)$ als Fixpunktmenge einer differenzierbaren Involution auf. (Vgl. BREDON [13])

Sätze dieses Typs erhält man auch, indem man andere Verfahren zur Konstruktion der Sphären benutzt. So wird z.B. in § 7 für jeden bezüglich $2\mathbb{Z}$ bewerteten Baum $T$ durch äquivariantes Verkleben von Vielfachen des Einheitstangentialbündels von $S^n$ eine Mannigfaltigkeit $M^{2n-1}(T)$ konstruiert, auf der $O(n-1)$ operiert. Das durch die Diagonalmatrix mit Diagonale $(\underbrace{1,\dots,1}_{k-1},-1,\dots,-1)$ gegebene Element von $O(n-1)$ ist eine Involution von $M^{2n-1}(T)$, die $M^{2k-1}(T)$ als Fixpunktmenge hat $(1 \leq k \leq n)$. Wenn der Minimaldefekt $\Delta(T)$ des Baumes verschwindet, dann ist $M^{2n-1}(T)$ für $n$ ungerade eine Sphäre, für $n$ gerade eine $\mathbb{Z}_2$-Homologiesphäre (vgl. § 8). Die oben erwähnte Tatsache über die Fixpunktmenge gewisser Involutionen ist also in Übereinstimmung mit einem klassischen Satz von P.A.SMITH (vgl. A.BOREL, Seminar on Transformation groups, [11], p. 76, THEOREM 2.2.).

Insbesondere tritt der POINCAREsche Raum $M^3(E_8)$ als Fixpunktmenge einer differenzierbaren Involution der Sphäre $M^{2n-1}(E_8)$ auf $(n \geq 3)$, die für $n$ ungerade die Standardsphäre ist (wegen $\det S_E = 1$, vgl. § 9). Diese Tatsache kann man auch mit Hilfe der Singularität des komplexen Raumes $\{z \mid z \in \mathbb{C}^{n+1}, z_0^3 + z_1^5 + z_2^2 + \dots + z_n^2 = 0\}$ einsehen. Zu diesem Problemkreis vgl. auch den Bericht von BREDON [13a].

Es bleibt u.a. folgende Frage ungelöst:

Welche 3-dimensionalen kompakten orientierten unberandeten differenzierbaren Mannigfaltigkeiten $M$ mit $H_1(M,\mathbb{Z})$ endlich und von ungerader Ordnung treten als Fixpunktmenge einer differenzierbaren Involution von $S^5$ auf?

Nach den obigen Überlegungen treten die Mannigfaltigkeiten $M^3(T)$ mit $\Delta(T) = 0$ und $T$ bezüglich $2\mathbb{Z}$ bewertet als solche Fixpunktmengen auf. Insbesondere treten alle Linsenräume $L^3(d,q)$, ($d$ ungerade, $(d,q) = 1$), und viele andere gefaserte SEIFERTsche Räume als Fixpunktmenge einer differenzierbaren Involution auf $S^5$ auf (vgl. HIRZEBRUCH [23] p. 3-7 und VON RANDOW [61]).

15.2. Um fixpunktfreie Involutionen auf Sphären der Dimension $2n-1$ zu untersuchen, wird die sogenannte Spin-Invariante von Involutionen mit Hilfe des ATIYAH-BOTTschen Fixpunktsatzes definiert. Diese Invariante ist eine Restklasse mod $2^n$, die nur bis auf das Vorzeichen definiert ist. Die Definition dieser Invarianten geht auf ATIYAH und BOTT zurück und wurde uns von ATIYAH während der Bonner Arbeitstagung 1966 mitgeteilt. Zur Vorbereitung wird in 15.3 der ATIYAH-BOTTsche Fixpunktsatz formuliert, wir folgen dabei der Darstellung in [5], und in 15.4 wird ein geeigneter Differentialoperator konstruiert. Anders als bei ATIYAH und BOTT wird die auftretende Vorzeichenschwierigkeit durch Verwendung einer komplexen Struktur mit verschwindender erster CHERNscher Klasse gelöst.

15.3. $X$ sei eine kompakte differenzierbare Mannigfaltigkeit. Für ein differenzierbares Vektorraumbündel $F$ über $X$ bezeichnet $\Gamma(F)$ den Raum der differenzierbaren Schnitte in $F$.

Ein elliptischer Komplex $E$ über $X$ besteht aus komplexen differenzierbaren Vektorraumbündeln $E_0, E_1, \ldots, E_n$ über $X$ und Differentialoperatoren $D_i : \Gamma(E_i) \longrightarrow \Gamma(E_{i+1})$ , $i=0,1,\ldots,n-1$ , so daß

(a) $$D_{i+1}D_i = 0 \quad \text{für } i=0,1,\ldots,n-2$$

(b) Die Sequenz der Symbole

$$0 \longrightarrow E_{ox} \longrightarrow \ldots \longrightarrow E_{ix} \xrightarrow{\sigma_i(x,\xi)} E_{i+1\,x} \longrightarrow \ldots \longrightarrow E_{nx} \longrightarrow 0$$

ist exakt für alle $x \in X$ und alle $\xi \in (T^*X)_x$ , $\xi \neq 0$ (vgl. dazu [6] und [58]).

Man definiert $$H^i(E) = \text{Kern } D_i / \text{Bild } D_{i-1} \quad .$$

Eine differenzierbare Abbildung $f : X \longrightarrow X$ induziert für jedes $i \in \{0,1,\ldots,n\}$ eine Abbildung $f^* : \Gamma(E_i) \longrightarrow \Gamma(f^*E_i)$ durch $(f^*\psi)(x) = \psi(f(x))$ . Es seien $\varphi_i : f^*E_i \longrightarrow E_i$ , $i=0,1,\ldots,n$ Vektorraumbündel-Homomorphismen.

$(f,\varphi_i) : \Gamma(E_i) \longrightarrow \Gamma(E_i)$ wird definiert durch die Hintereinanderschaltung

$$\Gamma(E_i) \xrightarrow{f^*} \Gamma(f^*E_i) \xrightarrow{\varphi_i} \Gamma(E_i) \quad .$$

Eine solche Menge $\{\varphi_i\}_{i=1,\ldots,n}$ heißt eine Anhebung $\varphi$ von $f$ , wenn das Diagramm

$$\begin{array}{ccccccccc} 0 & \longrightarrow & \Gamma(E_o) & \xrightarrow{D_o} & \Gamma(E_1) & \longrightarrow \ldots \longrightarrow & \Gamma(E_n) & \longrightarrow & 0 \\ & & \downarrow{\scriptstyle (f,\varphi_o)} & & \downarrow{\scriptstyle (f,\varphi_1)} & & \downarrow{\scriptstyle (f,\varphi_n)} & & \\ 0 & \longrightarrow & \Gamma(E_o) & \xrightarrow{D_o} & \Gamma(E_1) & \longrightarrow \ldots \longrightarrow & \Gamma(E_n) & \longrightarrow & 0 \end{array}$$

kommutativ ist. Die Anhebung $\varphi$ von $f$ definiert Homomorphismen

$$H^i(f,\varphi) : H^i(E) \longrightarrow H^i(E) \quad i=0,1,\ldots,n \quad .$$

Die LEFSCHETZsche Zahl $L(f,\varphi)$ wird definiert als

$$L(f,\varphi) = \sum_{i=0}^{n} (-1)^i \text{ Spur } H^i(f,\varphi) \quad .$$

ATIYAH-BOTTscher Fixpunktsatz [5], [6] . X sei eine kompakte differenzierbare Mannigfaltigkeit und $E$ ein elliptischer Komplex über $X$ und $f : X \longrightarrow X$ sei eine differenzierbare Abbildung, so daß für alle $x \in X$ mit $f(x) = x$ $\det(\mathrm{Id} - f'(x)) \neq 0$ . Wenn $\varphi$ eine Anhebung von $f$ ist, dann gilt

$$L(f, \varphi) = \sum_{x=f(x)} \nu(x)$$

mit

$$\nu(x) = \frac{1}{|\det(\mathrm{Id} - f'(x))|} \sum_i (-1)^i \operatorname{Spur}( \varphi_{ix} : E_{ix} \longrightarrow E_{ix}) \ .$$

Bemerkung: Die Voraussetzung über $f$ impliziert, daß $f$ nur isolierte Fixpunkte besitzt. Wenn $x$ ein Fixpunkt von $f$ ist, dann ist $(f^*E_i)_x = E_{ix}$ und $\operatorname{Spur} \varphi_{ix}$ ist wohldefiniert.

15.4. X sei nun eine zusammenhängende orientierte differenzierbare 2n-dimensionale Mannigfaltigkeit oder Mannigfaltigkeit mit Rand. Nur zur Definition des DIRAC-Operators und zur Anwendung des ATIYAH-BOTTschen Fixpunktsatzes werden wir speziell voraussetzen, daß $X$ kompakte Mannigfaltigkeit ist.

Auf $X$ wird eine riemannsche Metrik $g$ gewählt.
Mit $P$ wird das zu $TX$ assoziierte Prinzipalbündel mit Strukturgruppe $SO(2n)$ bezeichnet, das aus den orientierten orthonormierten 2n-Beinen in $TX$ besteht. Im folgenden wird vorausgesetzt, daß die zweite STIEFEL-WHITNEY-Klasse $w_2(X)$ verschwindet. Dann besitzt $X$ eine Spin-Struktur, das ist ein $\mathrm{Spin}(2n)$-Prinzipalbündel $E$ über $X$ zusammen mit einer Abbildung $1 : E \longrightarrow P$ , so daß das Diagramm

$$\begin{array}{cccccc} & E \times \mathrm{Spin}(2n) & \xrightarrow{\text{Mult. von rechts}} & E & & \\ 1 \times \lambda & \downarrow & & \downarrow 1 & \searrow & \\ & & & & & X \\ & P \times SO(2n) & \xrightarrow{\text{Mult. von rechts}} & P & \nearrow & \end{array}$$

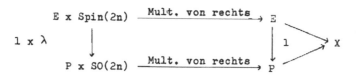

kommutativ ist. Dabei ist $\lambda : \mathrm{Spin}(2n) \longrightarrow SO(2n)$ der natürliche Überlagerungshomomorphismus. Eine zweite Spin-Struktur $(E',l')$ wird mit $(E,l)$ identifiziert, wenn es einen Isomorphismus $k : E \longrightarrow E'$ gibt, so daß $l' \circ k = l$. Der Totalraum $E$ ist zweifache Überlagerung von $P$. Die Anzahl der Spin-Strukturen von $X$ ist gleich der Anzahl der Elemente in $H^1(X,\mathbb{Z}_2)$ (vgl. MILNOR [53]). Auf $X$ wird eine feste Spin-Struktur $(E,l)$ ausgewählt.

$Q_{2n}$ bezeichne die durch $Q_{2n}(x_1,\dots,x_{2n}) = -\sum_{i=1}^{2n} x_i^2$ definierte negativ definite quadratische Form in $\mathbb{R}^{2n}$. Es sei $C_{2n}$ die zu $Q_{2n}$ gehörige CLIFFORD-Algebra (vgl. ATIYAH-BOTT-SHAPIRO [7] § 2), und $\Phi: C_{2n} \otimes_{\mathbb{R}} \mathbb{C} \longrightarrow \mathfrak{M}(2^n,\mathbb{C})$ sei die nach dem Satz von WEDDERBURN bis auf Äquivalenz eindeutig bestimmte treue irreduzible Darstellung ( $C_{2n}$ ist eine zentrale einfache $\mathbb{R}$-Algebra der Dimension $2^{2n}$ ). Die Beschränkung von $\Phi$ auf $\mathrm{Spin}(2n) \subset C_{2n}$ (vgl. [7] § 3) ist die Spindarstellung $\Delta : \mathrm{Spin}(2n) \longrightarrow \mathrm{Aut}(S_{2n})$, wo $S_{2n} = \mathbb{C}^{2^n}$. Es sei $e_1,\dots,e_{2n}$ die Standard-Basis des $\mathbb{R}^{2n} \subset C_{2n}$. Das Element $c = e_1 e_2 \dots e_{2n} \in \mathrm{Spin}(2n) \subset C_{2n}$ hat die Eigenschaften

$$c^2 = (-1)^n \quad \text{und} \quad cx = -xc \quad \text{für alle} \quad x \in \mathbb{R}^{2n} .$$

$\Delta(c)$ hat die Eigenwerte $\pm i^n$. Die Eigenräume zu den Eigenwerten $\pm i^n$ werden mit $S_{2n}^+$ bzw. $S_{2n}^-$ bezeichnet. Für jedes $x \in \mathbb{R}^{2n} - \{0\}$ ist $\Phi(x)$ beschränkt auf $S_{2n}^{\pm}$ ein Isomorphismus auf $S_{2n}^{\mp}$. Daher haben $S_{2n}^+$ und $S_{2n}^-$ die gleiche Dimension $2^{n-1}$. Da $uc = cu$ für alle $u \in \mathrm{Spin}(2n)$, gilt für $s \in S_{2n}^{\pm}$, daß

$$\Delta(c)\Delta(u)s = \Delta(u)\Delta(c)s = \pm i^n \Delta(u)s$$

je nachdem ob $s \in S_{2n}^+$ oder $S_{2n}^-$. Die Spindarstellung $\Delta$ spaltet auf in die beiden Darstellungen $\Delta^+ : \mathrm{Spin}(2n) \longrightarrow \mathrm{Aut}(S_{2n}^+)$ und $\Delta^-: \mathrm{Spin}(2n) \longrightarrow \mathrm{Aut}(S_{2n}^-)$. Ein Homomorphismus $\varkappa$ von $\mathrm{Spin}(2n)$ in die Automorphismengruppe von $C_{2n}$ wird definiert durch $\varkappa(a)u = aua^{-1}$ für alle $a \in \mathrm{Spin}(2n)$ und $u \in C_{2n}$.

Zu dem Spin(2n)-Prinzipalbündel E werden mit Hilfe der angegebenen Darstellungen folgende Daten definiert:

$\mathcal{L} = E \times_{Spin(2n)} C_{2n} \otimes_{\mathbb{R}} \mathbb{C}$ , das ist ein Algebra-Bündel über X mit $TX \subset \mathcal{L}$, $\sigma^{\pm} = E \times_{Spin(2n)} S_{2n}^{\pm}$ und $\sigma = \sigma^{+} \oplus \sigma^{-}$ sowie ein Homomorphismus t von $\mathcal{L}$ in das Endomorphismenbündel End($\sigma$) durch $t([e,u])[e,s] = [e, \Phi(u)s]$ für alle $[e,u] \in \mathcal{L}$ und $[e,s] \in \sigma$ . Für jedes $v \in (TX)_x - \{0\} \subset \mathcal{L}_x$ , $x \in X$ ist $t(v)_x | \sigma_x^{+} : \sigma_x^{+} \longrightarrow \sigma_x^{-}$ ein Isomorphismus.

Wenn X eine Mannigfaltigkeit ist, ist in P der LEVI-CIVITA-Zusammenhang $\mathcal{X}$ ausgezeichnet (vgl. KOBAYASHI-NOMIZU [39] S. 158 ff.). Dann gibt es auf E genau einen Zusammenhang $\tilde{\mathcal{X}}$ , der unter 1 auf $\mathcal{X}$ abgebildet wird. $\tilde{\mathcal{X}}$ definiert eine kovariante Ableitung $\nabla$ in den zu E assoziierten Vektorraumbündeln.

Es sei $\psi \in \Gamma(\sigma^{+})$ . Je zwei Vektorfeldern Y und Z auf X wird durch $t(Y) \nabla_Z \psi$ ein Element aus $\Gamma(\sigma^{-})$ zugeordnet. In Anwesenheit der riemannschen Metrik g ist die Spur dieser Bilinearform definiert. Wir definieren den $\mathbb{C}$-Homomorphismus $D : \Gamma(\sigma^{+}) \longrightarrow \Gamma(\sigma^{-})$ durch

$$D\psi = \text{Spur } ((Y,Z) \longmapsto t(Y) \nabla_Z \psi)$$

für alle $\psi \in \Gamma(\sigma^{+})$ . D ist ein elliptischer Differentialoperator (vgl. z.B. [42]) und hat auf jeder offenen Teilmenge V von X , auf der orthonormierte Vektorfelder $E_1, E_2, \dots, E_{2n}$ definiert sind, die Form

$$D\psi = \sum t(E_i) \nabla_{E_i} \psi .$$

15.5. Wir setzen von nun an X zusätzlich als einfach zusammenhängend voraus. f sei eine orientierungstreue differenzierbare Involution von X mit isolierten Fixpunkten. Die riemannsche Metrik g wird f-invariant gewählt. Das Differential von f induziert dann eine Bündelabbildung $f_* : P \longrightarrow P$ . Es gibt eine Bündelabbildung $k : E \longrightarrow E$ , so daß $l \circ k = f_* \circ l$ . Diese Abbildung ist durch ihren Wert in einem einzigen Punkte eindeutig bestimmt (vgl. z.B. HU [30] S. 91). Ist $k' : E \longrightarrow E$ eine von $k$ verschiedene Abbildung mit den gleichen Eigenschaften, dann ist $k'(x) = k(x)(-1)$ für alle $x \in E$ , wo $-1 \in \mathrm{Spin}(2n)$ . Die Abbildung $k \circ k$ ist entweder die Identität oder Multiplikation von rechts mit $-1 \in \mathrm{Spin}(2n)$ .

Die Anhebung $\varphi : f^*(\sigma^\pm) \longrightarrow \sigma^\pm$ wird definiert durch $\varphi(x,[p,s]) = [kp,s]$ , wo $x \in X$ , $p \in E_{f(x)}$ und $s \in S^\pm_{2n}$ . Zur Anwendung des ATIYAH-BOTTschen Fixpunktsatzes mit dem durch $D$ definierten elliptischen Komplex für den Fall, daß $X$ kompakte Mannigfaltigkeit ist, ist zu zeigen, daß $\varphi$ tatsächlich eine Anhebung von $f$ ist, d.h. daß $D(f,\varphi) = (f,\varphi)D$ . Für jedes $\psi \in \Gamma\sigma^+$ und $x \in X$ ist nachzuweisen

$$D(\varphi \circ \psi \circ f)(x) = \varphi((D\psi)(f(x))) .$$

Das wird in der in 15.4 am Schluß angegebenen lokalen Form von $D$ direkt nachgerechnet. Dabei wird ausgenutzt, daß $f$ eine Isometrie ist und auf $P$ der LEVI-CIVITA-Zusammenhang gewählt wurde. Deshalb führt $f_*$ horizontale Kurven in $P$ in horizontale Kurven über (vgl. KOBAYASHI-NOMIZU [39] S. 161) und $k$ hat die gleiche Eigenschaft.

Wenn $x \in X$ ein Fixpunkt von $f$ ist, dann ist $f_{*x} : P_x \longrightarrow P_x$ die Multiplikation von rechts mit $-I$ ( $I$ = Einselement in $SO(2n)$) und $k_x : E_x \longrightarrow E_x$ ist die Multiplikation von rechts mit $\pm c$ (vgl. 15.4) , da $\lambda(\pm c) = -I$ . Wegen $(\pm c)^2 = (-1)^n$ sind die Eigenwerte von $\varphi_x : (f^*\sigma^\pm)_x = \sigma^\pm_x \longrightarrow \sigma^\pm_x$ gleich $\pm i^n$ und zwar ist $\varphi_x(s) = \pm i^n s$ für $s \in \sigma^+_x$ und $\varphi_x(s) = \mp i^n s$ für $s \in \sigma^-_x$ . Dann ist

$$\nu(x) = \frac{2^{n-1}(\pm i^n) - 2^{n-1}(\mp i^n)}{2^{2n}} = \frac{\pm 2^n i^n}{2^{2n}} = \frac{\pm i^n}{2^n} .$$

DEFINITION. $X$ sei eine zusammenhängende, einfach zusammenhängende orientierte differenzierbare $2n$-dimensionale Mannigfaltigkeit oder Mannigfaltigkeit mit Rand, $w_2(X) = 0$, und $f : X \longrightarrow X$ eine differenzierbare orientierungserhaltende Involution mit endlich vielen Fixpunkten. Die ganze Zahl $b(X,f)$ wird definiert durch

$$b(X,f)\, i^n/2^n = \sum_{x=f(x)} \nu(x) \quad ,$$

wo $\nu(x)$ die Vielfachheit des Fixpunktes $x$ in der eindeutig bestimmten Spinstruktur von $X$ bezeichnet.

Bemerkung. Da bei der Definition von $k$ eine willkürliche Vorzeichenwahl auftrat, ist $b(X,f)$ nur bis auf das Vorzeichen eindeutig durch das Paar $(X,f)$ bestimmt.

Zur Anwendung des Fixpunktsatzes setzen wir $X$ zusätzlich als kompakte Mannigfaltigkeit voraus. Wenn $f$ keinen Fixpunkt besitzt, verschwindet die LEFSCHETZsche Zahl $L(f,\varphi)$. Existiert ein Fixpunkt, dann ist nach den vorangehenden Untersuchungen $k^2 = (-1)^n \mathrm{Id}$ und daher $(f,\varphi)^2 \psi = (-1)^n \psi$ für alle $\psi \in \Gamma(\sigma)$, so daß die Eigenwerte von $H^\nu(f,\varphi)$ (s. 15.3) gleich $\pm i^n$ sind, und $L(f,\varphi)$ ist ein ganzzahliges Vielfaches von $i^n$. In diesem Falle ist also

$$b(X,f) \equiv 0 \bmod 2^n .$$

15.6. Das Paar $(X,T)$ bestehe aus der zusammenhängenden, einfach zusammenhängenden kompakten orientierten differenzierbaren Mannigfaltigkeit $X$ der Dimension $2n-1$ und einer differenzierbaren orientierungserhaltenden fixpunktfreien Involution $T$ von $X$. Es gebe ein Paar $(W,f)$, bestehehd aus einer zusammenhängenden, einfach zusammenhängenden kompakten orientierten differenzierbaren Mannigfaltigkeit mit Rand $W$ mit $\partial W = X$ und $w_2(W) = 0$ und einer orientierungstreuen differenzierbaren Involution $f : W \longrightarrow W$ mit $f|\partial W = T$, so daß $f$ nur endlich viele Fixpunkte besitzt. Wir schreiben dafür kurz $\partial(W,f) = (X,T)$.

Für das Paar $(W,f)$ ist die Invariante $b(W,f)$ definiert. Ist $(W',f')$ ein weiteres Paar mit den gleichen Eigenschaften wie $(W,f)$ und $\partial(W',f') = (X,T)$ , so werden $W$ und $-W'$ (d.h. auf $W'$ ist die Orientierung umgekehrt) längs $X$ verklebt. Die so entstandene differenzierbare Mannigfaltigkeit $M$ ist zusammenhängend, einfach zusammenhängend, kompakt, orientiert mit $w_2(M) = 0$ . Die Involutionen $f$ und $f'$ induzieren auf $M$ eine orientierungstreue differenzierbare Involution $S$ mit endlich vielen Fixpunkten. Die Spinstrukturen auf jedem der drei Räume $W,-W'$ und $M$ sind eindeutig bestimmt und

$$\sum_{\substack{x\in M\\ x=S(x)}} \nu(x) = \sum_{\substack{x\in W\\ f(x)=x}} \nu(x) + \sum_{\substack{x\in W'\\ f'(x)=x}} \nu(x) =$$

$$= b(W,f)i^n/2^n + b(-W',f')i^n/2^n \in \mathbb{Z}i^n \quad .$$

Daher ist $b(W,f) + b(-W',f') \equiv 0 \bmod 2^n$ . Insbesondere ist $b(W,f) \equiv -b(-W,f) \bmod 2^n$ . Es sei nochmals daran erinnert, daß $b(W,f)$ nur bis auf das Vorzeichen eindeutig durch das Paar $(W,f)$ bestimmt ist.

Damit können wir dem Paar $(X,T)$ mit den am Anfang von 15.6 angegebenen Eigenschaften die Spin-Invariante

$$a(X,T) = \pm\, b(W,f) \bmod 2^n$$

zuordnen. Beachte, daß $a(X,T)$ nur bis auf das Vorzeichen definiert ist. Der Wert der Invarianten $a(X,T)$ ist also keine einzelne Restklasse mod $2^n$ , sondern eine Menge $\{x,-x\}$ von Restklassen.

Wenn $n$ ungerade und $X$ eine rationale Homologiesphäre ist, dann folgt aus dem POINCAREschen Dualitätssatz für Mannigfaltigkeiten mit Rand, daß die EULER-POINCAREsche Charakteristik $e(W)$ der

2n-dimensionalen Mannigfaltigkeit $W$ ungerade ist. Wendet man nun den klassischen LEFSCHETZschen Fixpunktsatz auf die Involution $f$ von $W$ an und beachtet man dabei, daß $e(W)$ mod 2 gleich der alternierenden Summe der Spuren von $f_*$ auf den rationalen Homologiegruppen von $W$ ist und daß jeder isolierte Fixpunkt bei einer Abbildung endlicher Ordnung die Multiplizität +1 hat, dann ergibt sich

$$e(W) \equiv b(W,f) \equiv 1 \bmod 2 .$$

Folgerung. Die Invariante $a(X,T)$ ist für eine rationale Homologiesphäre $X$ der Dimension 2n-1 (n ungerade) stets ungerade. Mit Hilfe dieser Invarianten kann man also höchstens $2^{n-2}$ fixpunktfreie differenzierbare Involutionen auf den Sphären der Dimension 2n-1 (n ungerade) unterscheiden.

Es scheint nicht bekannt zu sein, ob $a(X,T)$ auch für Sphären der Dimension 2n-1 (n gerade) stets ungerade ist. Für rationale Homologiesphären kann in diesem Falle $a(X,T)$ auch gerade sein (vgl. den folgenden Abschnitt).

Beispiel. Wenn $\alpha$ die antipodische Abbildung von $S^{2n-1}$ ist, dann ist $a(S^{2n-1},\alpha) = \pm 1$ .

15.7. SATZ. $X$ sei eine zusammenhängende, einfach zusammenhängende komplexe (reell) 2n-dimensionale Mannigfaltigkeit (nicht notwendigerweise kompakt), deren erste CHERNsche Klasse verschwindet. $f : X \longrightarrow X$ sei eine holomorphe Involution mit isolierten Fixpunkten. Dann haben in der zugehörigen Spinstruktur alle Fixpunkte die gleiche Vielfachheit.

Beweis. $h$ sei eine $f$-invariante hermitesche Metrik auf $X$ . Der Realteil $g$ von $h$ ist eine $f$-invariante riemannsche Metrik auf $X$ . Mit $Q$ wird das zum komplexen Tangentialbündel $T_C$ von $X$ assozierte Prinzipalbündel mit Strukturgruppe $U(n)$ bezeichnet, das aus den bezüglich $h$ orthonormierten n-Beinen in $T_C$ besteht. $P$ sei das zu $TX$ assoziierte $SO(2n)$-Prinzipalbündel, das aus den bezüglich $g$ orthonormierten orientierten 2n-Beinen in $TX$ besteht. $j : Q \longrightarrow P$ sei die natürliche Inklusion, d.h. für das n-Bein $(q_1,q_2,\ldots,q_n)$ aus $Q$ sei $j(q_1,q_2,\ldots,q_n)$ $= (q_1,iq_1,q_2,iq_2,\ldots,q_n,iq_n) \in P$.

Jede Reduktion der Strukturgruppe von $Q$ auf $SU(n)$ entspricht einem Schnitt in $Q/SU(n) = L$ (vgl. [69] § 9.4), das ist ein $U(1)$-Prinzipalbündel über $X$. Da $SU(n)$ Kern des Homomorphismus $\det : U(n) \longrightarrow U(1)$ ist, ist $L$ isomorph zu dem Determinantenbündel von $T_C$ und genau dann trivial, wenn $c_1(X) = 0$. Es gibt also einen Schnitt $\varkappa : X \longrightarrow L$. Die Involution $f : X \longrightarrow X$ induziert eine Bündelabbildung $f_* : Q \longrightarrow Q$ und diese eine Abbildung $f' : L \longrightarrow L$. Wir definieren $\tilde{f} : Q \longrightarrow Q$ durch $\tilde{f}(q) = f_*(q)\cdot(-I)$ ($I \in U(n)$ ist die Einheitsmatrix) für alle $q \in Q$ und $\tilde{f}' : L \longrightarrow L$ durch $\tilde{f}'(t) = f'(t)\cdot(-1)^n$ für alle $t \in L$. Wenn $x \in X$ ein Fixpunkt von $f$ ist, dann ist $\tilde{f}(q) = q$ für alle $q \in Q_x$ und $\tilde{f}'(t) = t$ für alle $t \in L_x$. Ein Fixpunkt $x_0 \in X$ wird als Basispunkt ausgezeichnet.

Es gibt eine differenzierbare Abbildung $s : X \longrightarrow U(1)$, so daß $\tilde{f}'(\varkappa(x)) = \varkappa(f(x))s(x)$. Dann ist $s(f(x)) = s(x)^{-1}$ für alle $x \in X$. Wenn $f(x) = x$, ist $s(x) = 1$. Da $X$ einfach zusammenhängend ist, gibt es genau eine Abbildung $\tilde{s} : X \longrightarrow \mathbb{R}$, so daß $\tilde{s}(x_0) = 0$ und $s = \exp\circ\tilde{s}$. Ebenso kann man auf genau eine Weise $s\circ f$ durch eine Abbildung $X \longrightarrow \mathbb{R}$ faktorisieren, so daß $x_0 \longmapsto 0$. Man hat ein kommutatives Diagramm

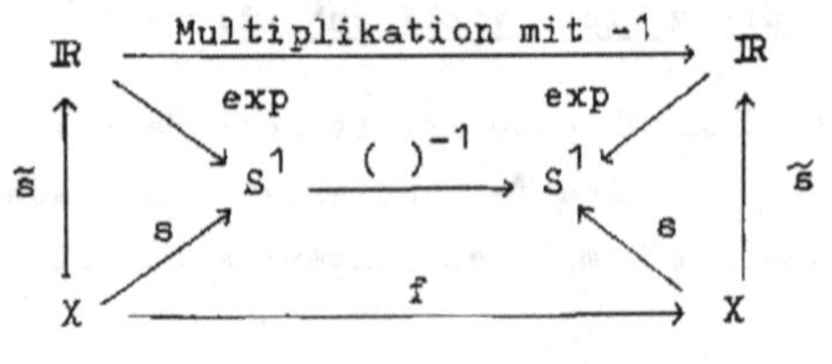

Wir definieren $w : X \longrightarrow S^1$ durch $w(x) = \exp(-\frac{1}{2}\tilde{s}(x))$ für alle $x \in X$ und den Schnitt $\tilde{\varkappa} : X \longrightarrow L$ durch $\tilde{\varkappa}(x) = \varkappa(x)\, w(x)$. Dann ist $\tilde{f}'\tilde{\varkappa}(x) = (\tilde{f}'\varkappa(x))\cdot w(x) = \varkappa(f(x))\cdot s(x)w(x) = \varkappa(f(x))w(x)^{-1} = \varkappa(f(x))w(f(x)) = \tilde{\varkappa}(f(x))$, d.h. $\tilde{\varkappa}$ ist ein unter $\tilde{f}'$ invarianter Schnitt in $L$.

Der Schnitt $\tilde{\varkappa}$ liefert ein SU(n)-Prinzipalbündel $\tilde{Q} \subset Q$, das unter $\tilde{f}$ invariant ist. $\tilde{j} = j|\tilde{Q} : \tilde{Q} \longrightarrow P$ sei die natürliche Inklusion. Dann ist $\tilde{j}\,\tilde{f}(q) = f_*\tilde{j}(q)(-I)$ für alle $q \in Q$, wo $f_* : P \longrightarrow P$ die durch $f$ in $P$ induzierte Bündelabbildung und $I$ das Einselement in $SO(2n)$ ist.

Es gibt einen Homomorphismus $\mu : SU(n) \longrightarrow Spin(2n)$, so daß das Diagramm

$$\begin{array}{ccc} & & Spin(2n) \\ & \overset{\mu}{\nearrow} & \big\downarrow \lambda \\ SU(n) & \longrightarrow & SO(2n) \end{array}$$

kommutativ ist (vgl. [7] S. 10). Mittels $\mu$ wird das zu $\tilde{Q}$ assoziierte Spin(2n)-Prinzipalbündel $S = \tilde{Q} \times_{SU(n)} Spin(2n)$ definiert. $l' : S \longrightarrow P$ sei die Projektion auf $P$, dann ist $(S, l')$ eine Spinstruktur von $X$. Die durch $\tilde{f}$ in $S$ induzierte Bündelabbildung $u : S \longrightarrow S$ mit $u([q,s]) = [\tilde{f}(q), s]$ überlagert die Abbildung $p \longmapsto f_*(p)(-I)$ von $P$ in sich und hat in den Fixpunkten die Form

$$u/S_x = Id \quad \text{für alle } x \in X \text{ mit } f(x) = x \, .$$

Da $\pi_1(X) = 0$, gibt es auf $X$ genau eine Spinstruktur, d.h. es gibt einen Isomorphismus $r : S \longrightarrow E$, so daß $l \circ r = l'$ (vgl. 15.4). Da $S$ und $E$ zweifache Überlagerungen von $P$ sind und $u$ die Abbildung $f_* \cdot (-I)$ und $k : E \longrightarrow E$ (wir benutzen hier die gleichen Bezeichnungen wie in 15.5) die Abbildung $f_*$ überlagert und $\lambda(\underline{+}c) = -I$, gilt

$$r \cdot u(s) = k \circ r(s)\,(\underline{+}c) \quad \text{für alle } s \in S \, .$$

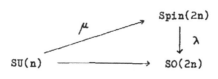

Das Vorzeichen von $c$ ist durch die Auswahl von $k$ eindeutig festgelegt. Ist $x \in X$ mit $f(x) = x$ und $t \in E_x$, dann ist $k(t) = \pm c \cdot t$ mit dem gleichen Vorzeichen für alle Fixpunkte.

15.8. Die vorangehenden Untersuchungen sollen auf die Mannigfaltigkeiten mit Involution $(W_\varepsilon^{2n-1}(d), T_d)$ angewandt werden, wo $W_\varepsilon^{2n-1}(d)$ mit $d \geq 2$ definiert ist durch

$$z_0^d + z_1^2 + z_2^2 + \ldots + z_n^2 = \varepsilon$$

$$z_0\bar{z}_0 + z_1\bar{z}_1 + \ldots + z_n\bar{z}_n = 1$$

mit hinreichend kleinem $\varepsilon > 0$. $T_d$ ist definiert durch

$$T_d(z_0, z_1, \ldots, z_n) = (z_0, -z_1, -z_2, \ldots, -z_n) .$$

$W_\varepsilon^{2n-1}(d)$ ist diffeomorph zu $W^{2n-1}(d)$ (s. § 5 und § 14).

SATZ. <u>Wenn</u> $n \geq 3$ <u>und</u> $d \geq 2$, <u>dann ist</u>

$$a(W_\varepsilon^{2n-1}(d), T_d) \equiv \pm\, d \mod 2^n .$$

Beweis. $W_\varepsilon^{2n-1}(d)$ ist $(n-1)$-zusammenhängend und berandet die $(n-1)$-zusammenhängende Mannigfaltigkeit mit Rand $W_\varepsilon$, die gegeben wird durch

$$z_0^d + z_1^2 + z_2^2 + \ldots + z_n^2 = \varepsilon$$

$$z_0\bar{z}_0 + z_1\bar{z}_1 + \ldots + z_n\bar{z}_n \leq 1 .$$

Das Innere von $W_\varepsilon$ ist eine komplexe Mannigfaltigkeit von der reellen Dimension $2n$. Die Involution $f : W_\varepsilon \longrightarrow W_\varepsilon$, die definiert ist durch $f(z_0, z_1, \ldots, z_n) = (z_0, -z_1, \ldots, -z_n)$, ist holomorph auf dem Inneren von $W_\varepsilon$ und besitzt dort $d$ Fixpunkte. Nach 15.7 haben diese Fixpunkte alle die gleiche Vielfachheit. Damit ist der Satz bewiesen.

15.9. Wenn $n$ und $d$ ungerade $\geq 3$ sind, dann ist $W_\varepsilon^{2n-1}(d)$ eine Sphäre und die Involutionen $T_d$ sind fixpunktfreie differenzierbare Involutionen der Sphären, für die die oben angegebene Invariante definiert ist. Wir fassen das Ergebnis in diesem Falle zusammen.

SATZ. $n \geq 3$ *sei ungerade. Auf der Standardsphäre und auf der* KERVAIRE-*Sphäre der Dimension* $2n-1$ *gibt es je wenigstens* $2^{n-3}$ *nicht äquivalente fixpunktfreie differenzierbare Involutionen. Wenn* $bP_{2n} = 0$ , *dann gibt es auf* $S^{2n-1}$ *wenigstens* $2^{n-2}$ *nicht äquivalente fixpunktfreie differenzierbare Involutionen.*

# L i t e r a t u r

1. J.F.Adams: Vector fields on spheres, Ann. of Math. 75 (1962) 603 - 632

2. On the groups J(X) - IV, Topology 5 (1966) 21 - 71

3. L.V.Ahlfors and L. Sario: Riemann surfaces, Princeton University Press 1960 (second printing 1965)

4. D.Arlt: Homotopietyp höherdimensionaler Linsenräume, Bonner Math. Schriften 20 (1964)

5. M.F.Atiyah and R. Bott: A Lefschetz fixed point formula for elliptic differential operators, Bull. Amer. Math. Soc. 72 (1966) 245 - 250

6. Notes on the Lefschetz fixed point theorem for elliptic complexes, Harvard University 1964 (vervielfältigt)

7. M.F.Atiyah, R.Bott and A.Shapiro: Clifford Modules, Topology 3 Suppl. 1 (1964), 3 - 38

8. M.F.Atiyah and F. Hirzebruch: Bott periodicity and the parallelizability of spheres, Proc. Cambr. Phil. Soc. 57 (1961) 223 - 226

9. M.F. Atiyah and G. Segal: Equivariant K-theory, notes by R.L.E. Schwarzenberger, University of Warwick, 1965 (vervielfältigt)

10. F. van der Blij: An invariant of quadratic forms mod 8, Koninkl. nederl. Acad. van Wetensch., Ser. A 62 (1959) 291 - 293

11. A.Borel: Seminar on transformation groups, Annals of Math. Studies 46, Princeton University Press 1960

12. R.Bott and J. Milnor: On the parallelizability of spheres, Bull. Amer. Math. Soc. 64 (1958), 87 - 89

13. G.E.Bredon: Examples of differentiable group actions, Topology 3 (1965), 115 - 122

13 a. Exotic actions on spheres, Tulane conference on compact transformation groups, May 1967 (vervielfältigt)

14. E. Brieskorn: Examples of singular normal complex spaces which are topological manifolds, Proc. Nat. Acad. Sci. 55 (1966) 1395 - 1397

15. Beispiele zur Differentialtopologie von Singularitäten, Inventiones math. 2 (1966) 1 - 14

15 a. Isolierte Singularitäten komplexer Räume, Habilitationsschrift, Bonn 1967

16. W. Browder: The Kervaire invariant of framed manifolds and its generalisation, Princeton 1967 (vervielfältigt)

17. E.H.Brown and F.P.Peterson: The Kervaire invariant of (8k+2)-manifolds, Bull. Amer. Math. Soc. 71 (1965), 190 - 193

18. C. Chevalley: Theory of Lie groups, Princeton University Press 1946

19. M.L.Curtis: Cartesian products with intervals, Proc. Amer. Math. Soc. 12 (1961) 819 - 820

20. C. Ehresmann: Les connexions infinitésimales dans un espace fibré différentiable, Colloque de Topologie, Bruxelles 1950, 29 - 55

21. A. Haefliger: Plongements différentiables de variétés dans variétés, Commentarii math. Helv. 36 (1962) 47 - 81

22. S. Helgason: Differential geometry and symmetric spaces, Academic Press, New York 1962

23. F. Hirzebruch: Differentiable manifolds and quadratic forms, notes by S.S.Koh, Berkeley 1962 (vervielfältigt)

24. Neue topologische Methoden in der algebraischen Geometrie, Springer Berlin 1962

25. The topology of normal singularities of an algebraic surface, Séminaire Bourbaki n° 250, 1962/63

26. Über Singularitäten komplexer Flächen, Rend. di Matematica 25 (1966) 213 - 232

27. Singularities and exotic spheres, Séminaire Bourbaki n° 314 (1966/67)

28. W.-C. Hsiang and W.-Y. Hsiang: Some results on differentiable actions, Bull. Amer. Math. Soc. 72 (1966) 134 - 138

29. Differentiable actions of compact connected classical groups I, Amer. J. of Math. 89 (1967) 705 - 786

30. S.T.Hu: Homotopy theory, Academic Press, New York and London 1959

31. N. Jacobson: Lie algebras, Interscience Publishers, New York 1962

32. K. Jänich: Baummannigfaltigkeiten aus Produktbausteinen, Diplomarbeit, Bonn 1962

33. Differenzierbare Mannigfaltigkeiten mit Rand als Orbiträume differenzierbarer Mannigfaltigkeiten ohne Rand, Topology 5 (1966) 301 - 320

34. M.A.Kervaire: A manifold which does not admit any differentiable structure, Comm. Math. Helv. 34 (1960) 257 - 270

35. Non-parallelizability of the n-sphere for n > 7 , Proc. Nat. Acad. Sci. Wash. 44 (1958) 280 - 283

36. Geometric and algebraic intersection numbers, Comm. Math. Helv. 39 (1964 - 65) 271 - 280

37. M.Kervaire and J.Milnor: Bernoulli numbers, homotopy groups and a theorem of Rohlin, Proc. of Int. Congr. of Mathem. Cambridge 1958, 454 - 458

38. Groups of homotopy spheres I, Ann. of Math. 77 (1963) 504 - 537

39. S.Kobayashi and K.Nomizu: Foundations of differential geometry, Interscience Publishers, New York 1963

40. S.Lang: Introduction to differentiable manifolds, Interscience Publishers, New York 1962

41. M.Mahowald: On the order of the image of J, Topology 6 (1967) 371 - 378

42. K.H.Mayer: Elliptische Differentialoperatoren und Ganzzahligkeitssätze für charakteristische Zahlen, Topology 4 (1965) 295 - 313

43. B.Mazur: A note on some contractible 4-manifolds, Ann. of Math. 73 (1961) 221 - 228

44. J.Milnor: Morse theory, notes by M. Spivac and R. Wells, Annals of Math. Studies 51, Princeton University Press 1963

45. Lectures on the h-cobordism theorem, notes by L. Siebenmann and J. Sondow, Princeton Math. Notes, Princeton University Press 1965

46. Differential topology, notes by J.R.Munkres Princeton University 1957 (vervielfältigt)

47. Differentiable structures, Princeton 1961 (vervielfältigt)

48. Differentiable manifolds which are homotopy spheres, Princeton 1959 (vervielfältigt)

49. Differentiable structures on spheres, Amer. J. of Math. 81 (1959) 962 - 972

50. Some consequences of a theorem of Bott, Ann. of Math. 68 (1958) 444 - 449

51. Lectures on characteristic classes, notes by J.Stasheff, Princeton 1957 (vervielfältigt)

52. Construction of universal bundles II, Ann. of Math. 63 (1956) 430 - 436

53. Spin structures on manifolds, Enseignement Math. (2) 9 (1963) 198 - 203

54. On simply connected 4-manifolds, Symposium Internacional de Topologia Algebraica 1958, 122 - 128

55. J.R.Munkres: Elementary differential topology, Annals of Math. Studies 54, Princeton University Press 1963

56. Obstructions to the smoothing of piecewise-differentiable homeomorphisms, Ann. of Math. 72 (1960) 521 - 524

57. R.S.Palais: The classification of G-spaces, Memoirs of the Amer. Math. Soc. 36 (1960)

58. Seminar on the Atiyah-Singer index theorem, Annals of Math. Studies 57 , Princeton University Press 1965

59. F.Pham: Formules de Picard-Lefschetz généralisées et ramification des intégrales, Bull. Soc. Math. France 93 (1965) 333 - 367

60. V.Poénaru: La décomposition de l'hypercube en produit topologique, Bull. Soc. Math. France 88 (1960) 113 - 129

61. R. von Randow: Zur Topologie von Dreidimensionalen Baummannigfaltigkeiten, Bonner Math. Schriften 14 (1962)

62. H.Samelson: On the Thom class of a submanifold, The Michigan Math. J. 12 (1965) 257 - 261

63. J.-P.Serre: Algèbres de Lie semi-simples complexes, W.A.Benjamin Inc., New York 1966

64. Formes bilinéaires symétriques entières à discriminant ±1 , Séminaire Cartan (Topologie différentielle) n° 14, 1961/62

65. S.Smale: Generalized Poincaré's conjecture in dimensions greater than four, Ann. of Math. 74 (1961) 391 - 406

66. On the structure of manifolds, Amer. J. of Math. 84 (1962) 387 - 399

67. On the structure of 5-manifolds, Ann. of Math. 75 (1962) 38 - 46

68. E.Spanier: Algebraic Topology, McGraw-Hill, New York 1966

69. N.Steenrod: The topology of fibre bundles, Princeton University Press 1959

70. R.Thom: Les structures différentiables des boules et des sphères, Colloque de géométrie différentielle globale, Brüssel 1959

71. H.Toda: Composition methods in homotopy groups of spheres, Annals of Math. Studies 49 , Princeton 1962

72. B.L. van der Waerden: Algebra II, 4. Auflage 1959

73. C.T.C.Wall: Classification of (n-1)-connected 2n-manifolds, Ann. of Math. 75 (1962) 163 - 189

74. H.Weber: Lehrbuch der Algebra, 2. Auflage, Bd. I, Vieweg, Braunschweig 1898

Offsetdruck: Julius Beltz, Weinheim/Bergstr.

# Lecture Notes in Mathematics

**Bisher erschienen/Already published**



Bitte wenden / Continued

Vol. 31: Symposium on Probability Methods in Analysis. Chairman: D.A.Kappos. IV, 329 pages. 1967. DM 20,– / $ 5.00

Vol. 32: M. André, Méthode Simpliciale en Algèbre Homologique et Algèbre Commutative. IV, 122 pages. 1967. DM 12,– / $ 3.00

Vol. 33: G. I. Targonski, Seminar on Functional Operators and Equations. IV, 110 pages. 1967. DM 10,– / $ 2.50

Vol. 34: G. E. Bredon, Equivariant Cohomology Theories. VI, 64 pages. 1967. DM 6,80 / $ 1.70

Vol. 35: N. P. Bhatia and G. P. Szegö, Dynamical Systems: Stability Theory and Applications. VI, 416 pages. 1967. DM 24,– / $ 6.00

Vol. 36: A. Borel, Topics in the Homology Theory of Fibre Bundles. VI, 95 pages. 1967. DM 9,– / $ 2.25

Vol. 37: R. B. Jensen, Modelle der Mengenlehre. X, 176 Seiten. 1967. DM 14,– / $ 3.50

Vol. 38: R. Berger, R. Kiehl, E. Kunz und H.-J. Nastold, Differentialrechnung in der analytischen Geometrie. IV, 134 Seiten. 1967. DM 12,– / $ 3.00

Vol. 39: Séminaire de Probabilités I. II, 189 pages. 1967. DM 14,– / $ 3.50

Vol. 40: J. Tits, Tabellen zu den einfachen Lie Gruppen und ihren Darstellungen. VI, 53 Seiten. 1967. DM 6,80 / $ 1.70

Vol. 41: R. Hartshorne, Local Cohomology. VI, 106 pages. 1967. DM 10,– / $ 2.50

Vol. 42: J. F. Berglund and K. H. Hofmann, Compact Semitopological Semigroups and Weakly Almost Periodic Functions. VI, 160 pages. 1967. DM 12,– / $ 3.00

Vol. 43: D. G. Quillen, Homotopical Algebra. VI, 157 pages. 1967. DM 14,– / $ 3.50

Vol. 44: K. Urbanik, Lectures on Prediction Theory. IV, 50 pages. 1967. DM 5,80 / $ 1.45

Vol. 45: A. Wilansky, Topics in Functional Analysis. VI, 102 pages. 1967. DM 9,60 / $ 2.40

Vol. 46: P. E. Conner, Seminar on Periodic Maps. IV, 116 pages. 1967. DM 10,60 / $ 2.65

Vol. 47: Reports of the Midwest Category Seminar. IV, 181 pages. 1967. DM 14,80 / $ 3.70

Vol. 48: G. de Rham, S. Maumary and M. A. Kervaire, Torsion et Type Simple d'Homotopie. IV, 101 pages. 1967 DM 9,60 / $ 2.40

Vol. 49: C. Faith, Lectures on Injective Modules and Quotient Rings. XVI, 140 pages. 1967. DM 12,80 / $ 3.20

Vol. 50: L. Zalcman, Analytic Capacity and Rational Approximation. VI, 155 pages. 1968. DM 13,20/$ 3.40

Vol. 51: Séminaire de Probabilités II. IV, 199 pages. 1968. DM 14,–/$ 3.50

Vol. 52: D. J. Simms, Lie Groups and Quantum Mechanics. IV, 90 pages. 1968. DM 8,–/$ 2.00

Vol. 53: J. Cerf, Sur les difféomorphismes de la sphère de dimension trois ($\Gamma_4 = 0$). XII, 133 pages. 1968. DM 12,–/$ 3.00

Vol. 54: G. Shimura, Automorphic Functions and Number Th
VI, 69 pages. 1968. DM 8,–/ $ 2.00

Vol. 55: D. Gromoll, W. Klingenberg und W. Meyer, Riemannsche Geometrie im Großen VI, 287 Seiten. 1968. DM 20,–/$ 5.00

Vol. 56: K. Floret und J. Wloka, Einführung in die Theorie der lokalkonvexen Räume. VIII, 194 Seiten. 1968. DM 16,–/$ 4.00